O RIO DA CONSCIÊNCIA

Obras do autor publicadas pela Companhia das Letras

Um antropólogo em Marte
Enxaqueca
Tempo de despertar
A ilha dos daltônicos
O homem que confundiu sua mulher com um chapéu
Vendo vozes
Tio Tungstênio
Com uma perna só
Alucinações musicais
O olhar da mente
Diário de Oaxaca
A mente assombrada
Sempre em movimento
Gratidão
O rio da consciência

OLIVER SACKS

O RIO DA CONSCIÊNCIA

Tradução

LAURA TEIXEIRA MOTTA

COMPANHIA DAS LETRAS

Grafia atualizada segundo o Acordo Ortográfico da Língua Portuguesa de 1990, que entrou em vigor no Brasil em 2009.

Título original
The River of Consciousness

Capa
Hélio de Almeida sobre ilustração de Zaven Paré

Preparação
Andressa Bezerra Corrêa

Índice remissivo
Luciano Marchiori

Revisão
Angela das Neves
Thaís Totino Richter

Dados Internacionais de Catalogação na Publicação (CIP)
(Câmara Brasileira do Livro, SP, Brasil)

Sacks, Oliver
O rio da consciência / Oliver Sacks ; tradução Laura Teixeira Motta. — 1ª ed. — São Paulo : Companhia das Letras, 2017.

Título original: The River of Consciousness.
Bibliografia.
ISBN 978-85-359-3002-3

1. Consciência 2. Habilidade criativa 3. Neuropsicologia II. Título.

CDD-612.8233
17-07583 NLM-WL 102

Índice para catálogo sistemático:
1. Consciência : Neuropsicologia 612.8233

[2017]

EDITORA SCHWARCZ S.A.
Rua Bandeira Paulista, 702, cj. 32
04532-002 — São Paulo — SP
Telefone: (11) 3707-3500
www.companhiadasletras.com.br
www.blogdacompanhia.com.br
facebook.com/companhiadasletras
instagram.com/companhiadasletras
twitter.com/cialetras

Para Bob Silvers

SUMÁRIO

PREFÁCIO

Duas semanas antes de sua morte, em agosto de 2015, Oliver Sacks esboçou os conteúdos de *O rio da consciência*, o último livro sob sua supervisão, e pediu que nós três providenciássemos a publicação.

Um dos principais catalisadores desta obra foi um convite que Sacks recebeu de um cineasta holandês em 1991 para participar de um documentário em série para a televisão intitulado *A Glorious Accident*. No último episódio, seis cientistas — o físico Freeman Dyson, o biólogo Rupert Sheldrake, o paleontólogo Stephen Jay Gould, o historiador da ciência Stephen Toulmin, o filósofo Daniel Dennett e o dr. Sacks — sentaram-se à mesa para debater sobre algumas das questões mais importantes estudadas pelos cientistas: a origem da vida, o significado de evolução, a natureza da consciência. Nessa discussão animada, uma coisa ficou clara: Sacks era capaz de transitar facilmente por *todas as disciplinas*. Sua compreensão da ciência não se restringia à neurologia ou à medicina; ele se entusiasmava com os problemas, ideias e questões de todas as ciências. Esse domínio e essa paixão tão abrangentes alicerçam a perspectiva deste livro, no qual ele interroga a natureza não só da experiência humana, mas de toda a vida (inclusive a vida botânica).

Em *O rio da consciência,* ele discorre sobre evolução, botânica, química, medicina, neurociência e artes, e evoca seus grandes heróis científicos e criativos, sobretudo Darwin, Freud e William James. Para Sacks, desde garoto esses autores foram companheiros constantes, e boa parte de sua obra pode ser vista como uma longa conversa com eles. Como Darwin, ele era um observador perspicaz e se comprazia em coletar exemplos, muitos dos quais extraídos de sua volumosa correspondência com pacientes e colegas. Como Freud, ele tinha o anseio de entender o comportamento humano em seus aspectos mais enigmáticos. E como James, mesmo quando o tema de Sacks é teórico, por exemplo, em suas investigações sobre tempo, memória e criatividade, sua atenção permanece nas especificidades da experiência.

Dr. Sacks quis dedicar este livro ao seu editor, mentor e amigo de mais de trinta anos Robert Silvers, que publicou pela primeira vez na *New York Review of Books* alguns dos textos aqui reunidos.

Kate Edgar, Daniel Frank e Bill Hayes

DARWIN E O SIGNIFICADO DAS FLORES

Todos conhecemos a clássica história de Charles Darwin: o moço de 22 anos que embarcou no *Beagle* e esteve nos extremos da Terra; Darwin na Patagônia; Darwin nos pampas argentinos (onde conseguiu laçar as pernas de sua própria montaria); Darwin na América do Sul, coletando ossos de animais gigantes extintos; Darwin na Austrália, ainda crente na religião, pasmo diante de seu primeiro canguru ("decerto há trabalho de dois Criadores"). E, naturalmente, Darwin nas Galápagos, observando que os tentilhões eram diferentes em cada ilha, começando a sentir o abalo sísmico na noção de como os seres vivos evoluem, que resultaria, um quarto de século mais tarde, na publicação de *A origem das espécies*.

A história atinge o clímax nessa altura, com a publicação de *A origem* em novembro de 1859, e tem uma espécie de pós-escrito elegíaco: uma visão do Darwin mais velho e enfermo, nos vinte e poucos anos que ainda lhe restavam, flanando nos jardins de Down House sem nenhum plano ou propósito específico, talvez improvisando um ou dois livros, mas com sua obra principal concluída muito tempo antes.

Nada poderia estar mais longe da verdade. Darwin permaneceu intensamente sensível tanto a críticas como a evidências que corroborassem sua teoria da seleção natural, e isso o impeliu a publicar nada menos do que cinco edições de sua obra. Ele pode mesmo ter se recolhido em seu jardim e suas estufas (ou retornado a eles) depois de 1859 (as terras de sua propriedade, Down House, eram vastas e continham cinco estufas), mas fez deles suas máquinas de guerra, com as quais lançava poderosos mísseis de evidência contra os céticos lá fora — uma massa de evidências da evolução e seleção natural ainda mais irrefutáveis que as apresentadas em *A origem*: descrições de estruturas e comportamentos extraordinários em plantas, tudo muito difícil de atribuir a alguma criação ou projeto especial.

É curioso que os estudiosos de Darwin tenham dedicado relativamente pouca atenção aos trabalhos botânicos do mestre, registrados em nada menos do que seis livros e setenta e tantos artigos. Duane Isely escreveu em *One Hundred and One Botanists,* livro publicado em 1994, que embora

> sobre Darwin se tenha escrito mais do que sobre qualquer outro biólogo na história [...] [ele] raramente é apresentado como botânico. [...] O fato de ele ter escrito vários livros a respeito de seus estudos de plantas é mencionado em muitas obras sobre Darwin, porém casualmente, mais ou menos no espírito de "ora, o grande homem precisa brincar de vez em quando".

A vida toda, Darwin teve carinho e admiração especiais pelas plantas. ("Sempre me agrada exaltar as plantas na escala dos seres organizados", ele escreveu em sua autobiografia.) Ele vem de uma família de botânicos: seu avô, Erasmus Darwin, escreveu um longo poema em dois volumes intitulado *The Botanic Garden*, e o menino Charles cresceu em uma casa com jardins imensos repletos não só de flores, mas também de uma profusão de macieiras geradas por intercruzamento para produzir árvores cada vez mais vigorosas. Quando estudante universitário em Cambridge, as únicas aulas a que Darwin assistia assiduamente eram as do botânico J. S. Henslow — e foi Henslow que, reconhecendo as qualidades extraordinárias daquele aluno, recomendou-o para um cargo no *Beagle*.

Foi para Henslow que Darwin escreveu cartas com observações muito detalhadas sobre a fauna, a flora e a geologia dos lugares que visitou. (Essas cartas, depois de impressas e distribuídas, tornaram Darwin famoso em círculos científicos antes mesmo de o *Beagle* voltar para a Inglaterra.) E foi para Henslow que, nas Galápagos, Darwin reuniu uma meticulosa coleção de todas as plantas floríferas e observou que muitas das ilhas do arquipélago podiam possuir cada qual sua espécie distinta do mesmo gênero. Essa viria a ser uma evidência crucial para ele em suas reflexões sobre o papel da divergência geográfica na origem de novas espécies.

De fato, como David Kohn diz em seu esplêndido ensaio de 2008, os muito mais de duzentos espécimes vegetais das Galápagos, coletados por Darwin, constituíram "a coleção da história natural de organismos vivos mais influente de toda a história da ciência. [...] E também são o exemplo mais bem documentado de Darwin sobre a evolução de espécies nas ilhas".

(Em contraste, nem todas as aves que Darwin coletou foram identificadas corretamente ou rotuladas segundo a ilha de origem, e só quando ele retornou à Inglaterra elas foram classificadas pelo ornitólogo John Gould, junto com um suplemento dos espécimes coletados pelos companheiros de viagem de Darwin.)

Darwin tornou-se grande amigo de dois botânicos: Joseph Dalton Hooker, do Kew Gardens, e Asa Gray, de Harvard. Hooker passou a ser seu confidente nos anos 1840 — o único a quem ele mostrou o primeiro esboço de seu livro sobre evolução — e Asa Gray entraria para o círculo íntimo nos anos 1850. Darwin escrevia a ambos com crescente entusiasmo sobre "a *nossa* teoria".

Darwin gostava de intitular-se geólogo (escreveu três livros geológicos baseados em suas observações durante a viagem do *Beagle* e concebeu uma teoria notavelmente original sobre a origem dos atóis de coral, que só viria a ser confirmada experimentalmente na segunda metade do século XX) e sempre afirmou que não era um botânico. Uma das razões era que a botânica (apesar de ter tido um início precoce no começo do século XVIII com o livro *Vegetable Staticks*, de Stephen Hales, uma obra rica em experimentos fascinantes sobre fisiologia vegetal) permanecia quase inteiramente uma disciplina descritiva e taxonômica: as plantas eram identificadas, classificadas e nomeadas, mas não *investigadas*. Darwin, em contraste, era preeminentemente um investigador, interessado no "como" e no "porquê" — e não apenas no "o quê" — quando o assunto era a estrutura e o comportamento das plantas.

A botânica não era mera distração ou passatempo para Darwin, como era para tantos vitorianos; ele sempre infundia um propósito teórico em seu estudo das plantas, e esse propósito estava relacionado à evolução e seleção natural. Como escreveu seu filho Francis, era "como se ele fosse dotado de um poder teorizador pronto a fluir para qualquer canal à menor perturbação, de modo que nenhum fato, por menor que fosse, podia furtar-se a liberar uma torrente de teoria". E o fluxo era de mão dupla: o próprio Darwin muitas vezes disse que "ninguém pode ser um bom observador se não for um teorizador laborioso".

No século XVIII, o cientista sueco Carolus Linnaeus, ou Lineu, mostrara que as flores tinham órgãos sexuais (pistilos e estames) e até baseara neles a sua classificação. No entanto, quase todos acreditavam que as flores se autofecundavam — senão, por que elas teriam tanto o órgão masculino como o feminino? O próprio Lineu brincou com essa ideia, desenhando uma flor com nove estames e um pistilo como se fossem um quarto de dormir onde uma virgem se via rodeada por nove amantes. Um conceito semelhante foi enunciado no segundo volume da obra *The Botanic Garden*, do avô de Darwin, intitulado "The Loves of the Plants". Foi nesse ambiente que o jovem Darwin cresceu.

Acontece que, um ou dois anos depois do retorno do *Beagle*, Darwin foi forçado, por razões teóricas, a questionar a ideia da autofecundação. Em um caderno de notas de 1837, ele escreveu: "Por acaso as plantas dotadas tanto de órgãos masculinos como femininos não recebem ainda assim a influência de outras plantas?". E refletiu que, para que as plantas pudessem evoluir, a fertilização cruzada era essencial — do contrário, jamais poderiam ocorrer modificações, e o mundo teria apenas uma única planta autorreprodutora em vez da extraordinária variedade de espécies existente. No início dos anos 1840, Darwin começou a pôr à prova a sua teoria; dissecou uma variedade de flores (entre elas azáleas e rododendros) e demonstrou que muitas possuíam recursos estruturais para impedir ou minimizar a autopolinização.

Mas só depois da publicação de *A origem das espécies*, em 1859, Darwin pôde dedicar toda a sua atenção às plantas. E, se antes seu trabalho fora principalmente de observador e coletor, agora os experimentos eram seu principal modo de obter novos conhecimentos.

Assim como outros, ele observara que havia duas formas de flor de prímula: a de "alfinete", com um estilete longo — a parte feminina da flor —, e a de "borla", com estilete curto. Julgava-se que essas diferenças não tinham nenhum significado especial. Darwin desconfiou que não era bem assim. Examinou braçadas de prímulas trazidas por seus filhos e constatou que a razão entre alfinetes e borlas era exatamente de um para um.

A imaginação de Darwin se acendeu de pronto: a razão de um para um era a que se poderia esperar de espécies com machos e fêmeas distintos. Será que as flores de estilete longo, apesar de hermafroditas, estavam no processo de tornar-se flores fêmeas, e as de estiletes curtos, machos? Será que ele estava diante de formas intermediárias, vendo a evolução em ação? A ideia era adorável, mas não se sustentava, pois as flores de estilete curto — os supostos machos — produziam tantas sementes quanto as "fêmeas", de estilete longo. Como poderia dizer seu amigo T. H. Huxley, eis "a morte de uma hipótese bonita causada por um fato feio".

Mas, então, qual era o significado daqueles estiletes diferentes e sua razão de um para um? Darwin desistiu de teorizar e partiu para a experimentação. Meticulosamente, tentou ser ele o polinizador; deitou-se de borco no gramado e transferiu pólen de flor para flor: de estilete longo para estilete longo, de estilete curto para estilete curto, de estilete longo para estilete curto e vice-versa. Nascidas as sementes, ele as coletou, pesou e descobriu que as safras de sementes mais ricas provinham das flores para as quais fora feito intercruzamento. Concluiu então que a heterostilia — a existência de estiletes de comprimentos diferentes em uma espécie de planta — era um recurso especial que evoluíra para facilitar a fertilização cruzada e que o cruzamento aumentava o número e a vitalidade das sementes (o que ele chamou de "vigor híbrido"). Mais tarde, Darwin escreveu: "Creio que nada na minha vida de cientista deu-me tanta satisfação quanto decifrar o significado da estrutura dessas plantas".

Embora esse assunto continuasse a despertar em Darwin um interesse especial (em 1877 ele publicou um livro, *The Different Forms of Flowers on Plants of the Same Species*), o que ele mais queria investigar era como as plantas floríferas se adaptavam para usar insetos como seus agentes de fertilização. Sabia-se que insetos eram atraídos por certas flores e, depois de pousar nelas, podiam sair cobertos de pólen. Mas ninguém dava muita importância a isso, pois supunha-se que as flores autopolinizavam-se.

Darwin desconfiou disso já em 1840, e nos anos 1850 pôs seus cinco filhos para trabalhar determinando rotas de zangões. Ele tinha uma admiração especial pelas orquídeas nativas que cresciam nos prados próximos de Down, por isso começou por elas. Depois, com a ajuda de amigos e correspondentes que lhe enviavam orquídeas para estudar, e especialmente de Hooker, que agora era o diretor do Kew Gardens, ele estendeu seus estudos a todos os tipos de orquídeas tropicais.

O trabalho com orquídeas progrediu bem e depressa, e em 1862 Darwin pôde enviar seu manuscrito para o prelo. O livro tinha um título vitoriano, tipicamente longo e explícito: *On the Various Contrivances by Which British and Foreign Orchids are Fertilised by Insects* ["Os vários artifícios pelos quais orquídeas britânicas e estrangeiras são fertilizadas por insetos"]. Suas intenções, ou esperanças, evidenciavam-se nas páginas introdutórias:

> Em meu livro *A origem das espécies*, apresentei apenas razões gerais para crermos que, quase por uma lei universal da natureza, os seres orgânicos superiores requerem ocasionalmente o cruzamento com outro indivíduo. [...] Quero mostrar aqui que não falei sem examinar detalhes. [...] Este tratado também me traz a oportunidade de tentar mostrar que o estudo de seres orgânicos pode ser tão interessante para um observador plenamente convicto de que a estrutura de cada um deve-se a leis secundárias quanto é para aquele que enxerga cada detalhe trivial da estrutura como resultado da intervenção direta do Criador.

Esse é Darwin lançando inequivocamente o desafio: "Explique *isso* melhor, se for capaz".

Darwin pesquisou orquídeas, pesquisou flores, como nunca antes alguém havia feito; e em seu livro sobre orquídeas, apresentou uma profusão de detalhes muito maior que a encontrada em *A origem*. Não porque ele fosse pedante ou obcecado, mas por sentir que cada detalhe poderia ter importância. Um ditado diz que Deus está nos detalhes, mas para Darwin não era Deus, e sim a seleção natural, atuando ao longo de milhões de anos, que se evidenciava nos detalhes, os quais eram ininteligíveis, sem sentido, exceto à luz da história e da evolução. Seu filho Francis escreveu que os estudos botânicos de Darwin

> forneceram um argumento contra os críticos que dogmatizaram tão liberalmente sobre a inutilidade de determinadas estruturas e a consequente impossibilidade de elas terem surgido graças à seleção natural. Suas observações em *Orquídeas* permitiram-lhe afirmar: "Posso mostrar o significado de algumas das cristas e cornos aparentemente sem sentido; quem agora vai se aventurar a dizer que esta ou aquela estrutura é inútil?".

Em um livro de 1793 com o título *Revelado o segredo da natureza na forma e fertilização de flores*, o botânico alemão Christian Konrad Sprengel, um observador atentíssimo, notara que abelhas cobertas de pólen transportavam-no de uma flor para outra. Darwin sempre se referiu a essa obra como "um livro maravilhoso". Mas Sprengel, apesar de passar perto, não descobrira o segredo final, porque ainda estava comprometido com a ideia lineana de que as flores se autofertilizavam e pensava que as da mesma espécie eram essencialmente idênticas. Darwin se afastou radicalmente dessa suposição e descobriu o segredo das flores: mostrou que suas características especiais — os vários padrões, cores, formas, néctares e fragrâncias com os quais elas atraíam insetos para que voassem de uma planta para outra, bem como os recursos para que eles pegassem pólen antes de deixar a flor — eram "artifícios", como ele disse; todas tinham evoluído a serviço da fertilização cruzada.

O que antes era uma imagem bonitinha de insetos zumbindo em volta de flores coloridas passou a ser um drama essencial da vida, rico em profundidade e significado biológico. As cores e fragrâncias das flores eram adaptadas aos sentidos dos insetos. As abelhas são atraídas por flores azuis e amarelas, mas ignoram as vermelhas, pois não enxergam essa cor. Por outro lado, sua capacidade de enxergar além do violeta é explorada por flores que usam marcadores ultravioleta para guiar as abelhas até o nectário. As borboletas, que têm boa visão da cor vermelha, fertilizam flores dessa cor, mas podem ignorar as azuis e as violetas. As flores polinizadas por mariposas que voam à noite não costumam ser coloridas, mas exalam aroma no período noturno. E flores polinizadas por moscas, que se alimentam de matéria em decomposição, podem imitar os odores nauseantes (para nós) de carne putrefata.

Não foi apenas a evolução das plantas, mas também a *coevolução* de plantas e insetos que Darwin esclareceu pela primeira vez. Graças à coevolução, a seleção natural assegurava que as partes bucais dos insetos se amoldassem à estrutura das flores que eles preferiam — e Darwin demonstrou esse argumento com um prazer todo especial. Ele examinou uma orquídea de Madagascar dotada de um nectário de quase trinta centímetros de comprimento e previu que seria encontrada uma mariposa com uma probóscide longa o suficiente para alcançar a parte mais profunda dessa flor; décadas depois da morte de Darwin, essa mariposa finalmente foi encontrada.

A origem foi um ataque frontal ao criacionismo (apesar da delicadeza com que sua tese foi apresentada) e, embora nesse livro Darwin tenha tido o cuidado de dizer o mínimo sobre a evolução humana, as implicações de sua teoria estavam perfeitamente claras. Foi especialmente a ideia de que o homem podia ser visto como um mero animal — um macaco —, descendente de outros animais, que provocou indignação e zombaria. Mas as plantas, para a maioria das pessoas, eram outra coisa. Não se moviam, não sentiam, habitavam um reino próprio, separado do reino animal por um imenso abismo. Darwin julgou que a evolução das plantas poderia parecer menos relevante, ou menos ameaçadora, do que a evolução dos animais, e assim se prestaria mais a um exame calmo e racional. De fato, ele escreveu a Asa Gray: "Ninguém mais percebeu que meu principal interesse no livro sobre orquídeas advém de ele ser uma 'manobra de flanco' contra o inimigo". Darwin nunca foi beligerante como seu "buldogue" Huxley, mas sabia que havia uma batalha a ser travada e não se furtava a usar metáforas militares.

Mas não é a militância nem a polêmica que brilha no livro sobre orquídeas; é o imenso prazer, o deleite no que ele estava vendo. Esse sentimento transborda em suas cartas:

> Você não pode imaginar quanto deleite as orquídeas me trazem. [...] Que estruturas maravilhosas! [...] A beleza da adaptação das partes não me parece ter paralelos. [...] Quase enlouqueci com a riqueza das orquídeas. [...] Uma esplêndida flor de *Catasetum*, a orquídea mais fascinante que já vi. [...] Feliz do homem que realmente viu uma multidão de abelhas em volta de uma *Catasetum*, com polínia grudada no dorso! [...] Nunca na vida me interessei tanto por um tema quanto por esse das orquídeas.

A fertilização das flores ocupou Darwin até o fim da vida, e quase quinze anos mais tarde um livro mais geral seguiu-se ao livro sobre orquídeas: *The Effects of Cross and Self Fertilisation in the Vegetable Kingdom* ["Efeitos da fertilização cruzada e da autofertilização no reino vegetal"].

Mas as plantas também precisam sobreviver, prosperar e encontrar (ou criar) nichos no mundo para poderem alcançar o ponto de reprodução. Darwin também se interessou pelos estratagemas e adaptações que permitiam a sobrevivência das plantas e pelos seus estilos de vida diversificados e às vezes espantosos, entre os quais órgãos dos sentidos e capacidades motoras análogos aos de animais.

Durante as férias de verão de 1860, Darwin encontrou pela primeira vez plantas insetívoras e se apaixonou por elas. Isso desencadeou uma série de investigações que culminaram, quinze anos depois, no livro *Insectivorous Plants*. É um texto de leitura fácil, em tom de conversa, e começa, como a maioria dos livros de Darwin, com uma recordação pessoal:

> Tive uma surpresa quando vi o número enorme de insetos apanhados pelas folhas do papa-moscas comum (*Drosera rotundifolia*) em uma charneca de Sussex. [...] Em uma planta, todas as seis folhas tinham

> capturado sua presa. [...] Muitas plantas causam a morte de insetos [...] sem receber vantagem alguma, até onde podemos perceber; mas logo ficou evidente que a drósera era extraordinariamente adaptada para o propósito especial de apanhar insetos.

A ideia da adaptação estava sempre presente no pensamento de Darwin, e bastou olhar o papa-moscas para ver que aquelas eram adaptações de um tipo inteiramente novo, pois as folhas da drósera não só tinham a superfície aderente, mas também eram cobertas por filamentos delicados (que Darwin chamou de "tentáculos") com glândulas nas extremidades. Para que serviriam? Ele observou:

> Quando um pequeno objeto orgânico ou inorgânico é posto sobre as glândulas no centro de uma folha, elas transmitem um impulso motor aos tentáculos marginais. [...] Os mais próximos são afetados primeiro e se curvam lentamente em direção ao centro, depois é a vez dos que estão mais à frente, até que por fim todos ficam inflectidos acentuadamente sobre o objeto.

Mas quando o objeto não era nutritivo, era logo descartado. Darwin então demonstrou esse processo pondo pedacinhos de clara de ovo em algumas folhas e pedacinhos de matéria inorgânica em outras. A matéria inorgânica era logo libertada, mas a clara de ovo ficava retida e estimulava a formação de um fermento e um ácido que logo a digeria e absorvia. Acontecia a mesma coisa com insetos, especialmente os vivos. Desprovida de boca, intestinos ou nervos, a drósera capturava sua presa e a absorvia usando enzimas digestivas especiais com eficiência.

Darwin explicou não só como a drósera funcionava, mas também por que ela se adaptara a um estilo de vida tão extraordinário: ele observou que a planta crescia em pântanos, em solo acídico que era relativamente destituído de material orgânico e nitrogênio assimilável. Poucas plantas podiam sobreviver nessas condições, mas a drósera tinha encontrado um modo de apossar-se desse nicho absorvendo nitrogênio diretamente de insetos, e não do solo. Assombrado com a coordenação dos tentáculos da drósera, que lembravam acentuadamente os de um animal e se fechavam sobre a presa como os da anêmona-do-mar, e pela capacidade de digerir da planta, que também fazia pensar em um animal, Darwin escreveu a Asa Gray: "Você não é justo para com os méritos da minha querida drósera; ela é uma planta maravilhosa, ou melhor, um animal muito sagaz. Defenderei a drósera até o dia da minha morte".

E o entusiasmo de Darwin com a drósera cresceu ainda mais quando ele descobriu que, se fosse feito um pequeno corte em metade de uma folha, somente essa metade ficava paralisada, como se um nervo tivesse sido cortado. A aparência dessa folha lembrava "um homem com a espinha quebrada e as extremidades inferiores paralisadas", ele escreveu. Mais tarde, Darwin recebeu espécimes de dioneia, pertencente à família papa-moscas; no momento em que os pelos dessa planta são tocados, como que acionada por gatilhos, ela fecha suas folhas uma contra a outra e aprisiona o inseto lá dentro. As reações da dioneia eram tão rápidas que Darwin cogitou a possibilidade de o processo envolver eletricidade, algo análogo a um impulso nervoso. Discutiu esse assunto com seu colega fisiologista Burdon Sanderson e ficou encantado quando Sanderson conseguiu demonstrar que, de fato, uma corrente elétrica era gerada pelas folhas e também podia estimulá-las a fechar-se. "Quando as folhas são irritadas, a corrente é perturbada do mesmo modo que acontece durante a contração do músculo de um animal", Darwin escreveu em *Insectivorous Plants*.

Muita gente pensa que as plantas são insensíveis e imóveis. No entanto, as plantas insetívoras refutaram espetacularmente essa ideia, e Darwin, agora ansioso para examinar outros aspectos do movimento das plantas, passou a investigar as trepadeiras. (Esse estudo culminaria na publicação de *On The Movements and Habits of Climbing Plants*.) Crescer segurando-se em apoios era uma adaptação eficiente que permitia às plantas livrar-se do fardo do tecido de sustentação rígido usando outras plantas para escorá-las e elevá-las. E não havia apenas um modo de crescer por esse processo, mas muitos. Havia as plantas que se enroscavam e subiam com ajuda de suas folhas, e plantas que trepavam com a ajuda de gavinhas. Estas últimas fascinaram Darwin especialmente; era como se possuíssem "olhos" e pudessem "examinar" o ambiente em busca de apoios viáveis, ele achava. "Acredito que as gavinhas enxergam", ele escreveu a J. D. Hooker. Como teriam surgido essas adaptações complexas?

Darwin supôs que as trepadeiras que se enroscavam eram ancestrais de outras trepadeiras, e que as plantas dotadas de gavinhas haviam evoluído delas; por sua vez, ele pensava, as que trepavam apoiadas nas folhas originaram-se das dotadas de gavinhas; segundo ele, cada avanço teria franqueado outros nichos possíveis — papéis para o organismo em seu ambiente. Portanto, as trepadeiras haviam evoluído ao longo do tempo. Não tinham sido todas criadas no mesmo instante por um decreto divino. Mas como teria começado o crescimento das plantas que subiam enroscando-se? Darwin havia observado movimentos espiralados nos caules, folhas e raízes de cada planta que ele examinara, e esses movimentos (que ele chamou de circum-nutação) também podiam ser vistos em plantas de evolução mais antiga: cicadáceas, samambaias, algas marinhas. Quando as plantas crescem em direção à luz, elas não simplesmente espicham verticalmente para cima: espiralam-se como um saca-rolhas. Darwin concluiu que a circum-nutação era uma propensão universal das plantas e antecedera todos os outros movimentos espiralados em vegetais.

Essas ideias, junto com dezenas de experimentos primorosos, foram expostas em seu último livro sobre botânica, *O poder do movimento nas plantas,* publicado em 1880. Em um dos muitos experimentos encantadores e engenhosos que ele relata, Darwin plantou mudas de aveia, iluminou-as de direções distintas e constatou que elas sempre se inclinavam ou se enroscavam na direção da luz, mesmo quando estava escuro demais para a visão humana. Será que havia uma região fotossensível, uma espécie de "olho" nas extremidades das folhas da planta (como ele supunha para as extremidades das gavinhas)? Darwin providenciou pequenos tampões escurecidos com tinta nanquim para cobrir aquelas extremidades, e constatou que elas deixavam de reagir à luz. Concluiu então que, sem dúvida, quando a luz incidia sobre a extremidade da folha, estimulava-a a liberar algum tipo de mensageiro; este, ao alcançar as partes "motoras" da planta, provocava seu crescimento espiralado na direção da luz. Darwin observou que, analogamente, as raízes primárias (ou radículas) das plantas, que precisam transpor todo tipo de obstáculo, eram extremamente sensíveis a contato, gravidade, pressão, umidade, gradientes químicos etc. Ele escreveu:

> Não existe nas plantas nenhuma estrutura mais fascinante do que a extremidade da radícula, no que diz respeito às suas funções. [...] Não é exagero dizer que a extremidade da radícula [...] atua como o cérebro de um dos animais inferiores [...] recebendo impressões dos órgãos dos sentidos e dirigindo os vários movimentos.

Entretanto, como observa Janet Browne em sua biografia de Darwin, *O poder do movimento nas plantas* foi "um livro inesperadamente polêmico". A ideia da circum-nutação exposta por Darwin recebeu críticas duras. Ele sempre reconhecera essa ideia como um salto especulativo, mas uma crítica mais incisiva partiu do botânico alemão Julius Sachs, que, nas palavras de Browne, "zombou da ideia de Darwin de que a extremidade da raiz podia ser comparada ao cérebro de um organismo simples e declarou que as técnicas experimentais caseiras de Darwin eram ridiculamente falhas".

Por mais que as técnicas de Darwin fossem caseiras, suas observações foram precisas e corretas. Suas ideias sobre um mensageiro químico transmitido a partir da extremidade sensível da planta até seu tecido "motor" abririam caminho, cinquenta anos mais tarde, para a descoberta de hormônios vegetais como as auxinas, que desempenham nas plantas muitos dos papéis que competem ao sistema nervoso em animais.

Darwin sofrera por quarenta anos com uma doença enigmática que o atormentava desde seu retorno das Galápagos. Às vezes, passava dias inteiros vomitando ou confinado ao sofá; quando mais velho, passou a sofrer também de problemas cardíacos. Mesmo assim, sua energia intelectual e criatividade nunca arrefeceram. Ele escreveu dez livros depois de *A origem* e fez grandes revisões em muitos deles, sem falar nas dezenas de artigos e inúmeras cartas de sua autoria. Continuou a dedicar-se aos seus vários interesses por toda a vida. Em 1877, publicou uma segunda edição, bastante ampliada e revista, de seu livro sobre orquídeas (lançado quinze anos antes). Meu amigo Eric Korn, antiquário e especialista em Darwin, me contou que já possuiu um exemplar dessa obra onde fora esquecido o canhoto de uma ordem postal de 1882 no valor de dois xelins e nove pence, assinada pelo próprio Darwin, em pagamento por um novo espécime de orquídea. Darwin morreria em abril daquele ano, ainda apaixonado por orquídeas, colecionando espécimes para estudá-los semanas antes de morrer.

A beleza natural, para Darwin, não era apenas estética: sempre refletia alguma função e adaptação. As orquídeas não eram apenas ornamentos a serem exibidos em jardins ou buquês: elas eram artifícios fascinantes, exemplos da imaginação da natureza, da seleção natural em ação. As flores não requeriam um Criador, podia-se compreendê-las totalmente como produtos de acaso e seleção, de minúsculas mudanças incrementais ocorridas ao longo de centenas de milhões de anos. Esse era o significado das flores para Darwin, o significado de todas as adaptações, vegetais e animais, o significado da seleção natural.

Muitos acham que Darwin, mais do que ninguém, eliminou o "significado" do mundo — no sentido de uma intenção ou propósito divino geral. De fato, no mundo de Darwin não existe nenhum desígnio, projeto ou plano; a seleção natural não tem direção, nem alvo, nem algum objetivo pelo qual se empenhe. Muitos dizem que o darwinismo determinou o fim do pensamento teleológico. No entanto, seu filho Francis escreveu:

> Um dos maiores serviços que meu pai prestou ao estudo da história natural foi reavivar a teleologia. O evolucionista estuda o propósito ou significado dos órgãos com o fervor do antigo teleologista, porém com uma finalidade muito mais ampla e coerente. Anima-o saber que está adquirindo não meramente concepções isoladas da economia do presente, e sim uma visão coerente do passado e do presente. E mesmo quando não consegue descobrir o uso de alguma parte, ele pode, ao conhecer sua estrutura, desvendar a história de vicissitudes passadas na vida da espécie.

> Desse modo, o estudo das formas de seres organizados ganha um vigor e uma unidade que antes lhe faltavam.

E isso acontece "graças quase tanto à obra botânica de Darwin quanto à *Origem das espécies*", Francis sugere.

Perguntando o porquê, procurando um significado (não para uma finalidade, mas no sentido imediato de uso ou propósito), Darwin encontrou em seus estudos botânicos a mais poderosa evidência da evolução e seleção natural. Com isso, transformou a própria botânica de uma disciplina puramente descritiva em uma ciência evolucionária. Aliás, a botânica foi a primeira ciência evolucionária, e a obra botânica de Darwin abriria caminho para todas as outras ciências evolucionárias e para a percepção de que, como disse Theodosius Dobzhansky, "na biologia, nada faz sentido se não for à luz da evolução".

Darwin referiu-se à *Origem* como "uma longa discussão". Em contraste, suas obras sobre botânica foram mais pessoais e líricas, menos sistemáticas na forma, e produziram seus efeitos por demonstração em vez de discussão. Segundo Francis Darwin, Asa Gray observou que, se o livro sobre orquídeas "tivesse surgido antes de *A origem,* o autor teria sido canonizado em vez de anatematizado pelos teólogos naturais".

Linus Pauling disse que leu *A origem* antes dos nove anos de idade. Eu, que não era tão precoce, seria incapaz de entender a "longa discussão" nessa idade. Mas tive um lampejo da visão de mundo de Darwin no jardim de casa, que nos dias de verão ficava todo florido e cheio de abelhas zumbindo de flor em flor. Minha mãe, que era apaixonada por botânica, foi quem me explicou o que as abelhas estavam fazendo com as pernas amarelas de tanto pólen e contou por que elas e as flores dependiam umas das outras.

Embora a maioria das flores do jardim fosse perfumada e colorida, também tínhamos duas árvores de magnólia, com flores enormes, mas pálidas e sem fragrância. Quando maduras, aquelas flores se enchiam de insetos minúsculos, besourinhos. Minha mãe me explicou que as magnólias eram plantas floríferas antiquíssimas, que haviam surgido quase 100 milhões de anos atrás, numa época em que os insetos "modernos", como as abelhas, ainda não tinham evoluído; por isso, para a polinização elas dependiam de um inseto mais antigo, um besouro. As abelhas e borboletas, as flores coloridas e perfumadas, não tinham sido encomendadas, não estavam à espera nos bastidores e poderiam nunca ter surgido. Iriam desenvolver-se juntas, em estágios infinitesimais, no decorrer de milhões de anos. Fiquei assombrado com essa ideia de um mundo sem abelhas e borboletas, sem perfume nem cor.

Era inebriante pensar em espaços de tempo tão colossais — e no poder que mudanças minúsculas e sem direção tinham de se acumular e gerar novos mundos, mundos de riqueza e variedade imensas. Para muitos de nós, a teoria evolucionária trazia um sentimento de significado e satisfação profundo que a crença em um plano divino nunca proporcionara. O mundo que se apresentava aos nossos olhos tornava-se uma superfície transparente através da qual podíamos ver toda a história da vida. A ideia de que ele poderia ter resultado em coisa diferente, de que dinossauros ainda poderiam estar andando pela Terra ou de que os seres humanos poderiam nunca ter surgido pela evolução era estonteante. Fazia a vida parecer ainda mais preciosa, uma aventura maravilhosa e incessante ("um glorioso acidente", nas palavras de Stephen Jay Gould) — não fixa ou predeterminada, mas sempre suscetível a mudança e novas experiências.

A vida em nosso planeta tem vários bilhões de anos, e trazemos literalmente essa longuíssima história em nossas estruturas, comportamentos, instintos e genes. Por exemplo, nós, humanos, ainda possuímos vestígios dos arcos branquiais, muito modificados, que herdamos dos nossos ancestrais peixes, e até os sistemas neurais que no passado controlavam os movimentos das brânquias. Como escreveu Darwin em *The Descent of Man* [traduzido no Brasil com o título *A origem do homem*], "o homem ainda traz em sua estrutura física a marca indelével de sua origem humilde". E também carregamos um passado ainda mais remoto: somos feitos de células, e as células remontam à própria origem da vida.

Em 1837, no primeiro dos muitos cadernos de anotações de

Darwin sobre "o problema das espécies", ele esboçou uma árvore da vida. Sua forma ramificada, tão arquetípica e forte, refletia o equilíbrio entre evolução e extinção. Darwin sempre salientou a continuidade da vida, a descendência de um ancestral comum para todos os seres vivos, o parentesco que, em certo sentido, todos temos uns com os outros. Portanto, o homem é parente não só dos macacos e outros animais, mas também das plantas (hoje sabemos que as plantas e os animais têm em comum 70% de seu DNA). No entanto, apesar do poderoso motor da seleção natural — a variação —, cada espécie é única, assim como cada indivíduo é único.

A árvore da vida mostra num relance o quanto é antigo o parentesco entre todos os organismos vivos e deixa claro que existe "descendência com modificação" (como Darwin originalmente se referiu à evolução) em cada novo ramo. Mostra também que a evolução não cessa, não se repete, não regride. E mostra que a extinção é irrevogável: quando um ramo é cortado, um caminho evolucionário específico perde-se para sempre.

Fico feliz por saber da minha singularidade biológica, da minha antiguidade biológica e do meu parentesco biológico com todas as outras formas de vida. Esse conhecimento me dá raízes, permite que eu me sinta em casa no mundo natural, que me sinta dotado de significado biológico, seja qual for o meu papel no mundo cultural, humano. E, embora a vida animal seja muito mais complexa do que a vida vegetal, e a vida humana seja muito mais complexa do que a vida de outros animais, vejo que esse sentimento de significado biológico nasceu da epifania de Darwin sobre o significado das flores e do meu vislumbre em um jardim londrino, quase uma vida inteira atrás.

VELOCIDADE

Quando menino, eu era fascinado pela velocidade, a enorme variedade de velocidades no mundo à minha volta. As pessoas moviam-se a velocidades diferentes; os animais, mais ainda. As asas dos insetos moviam-se tão depressa que nem se podia vê-las, embora fosse possível avaliar sua frequência pelo tom que emitiam: um ruído detestável, um mi alto, nos mosquitos, ou um adorável zumbido baixo nas abelhas gordas que rodeavam as malvas no verão. A nossa tartaruga, que levava um dia inteiro para atravessar o gramado, parecia viver segundo algum tipo de marcação de tempo só dela. E que dizer do movimento das plantas? Eu chegava ao jardim de manhã e via os pés de malva um pouco mais altos, as rosas mais enroscadas na treliça e, no entanto, por mais paciência que eu tivesse, não conseguia flagrá-los em movimento.

Experiências assim tiveram seu papel para despertar meu interesse pela fotografia, que me permitia alterar o ritmo do movimento: acelerá-lo ou desacelerá-lo para poder enxergar, ajustados ao ritmo da percepção humana, detalhes do movimento ou mudanças que os olhos não teriam capacidade de registrar sem essa ajuda. Eu achava que a diminuição ou aumento da velocidade do movimento eram uma espécie de equivalente temporal dos efeitos do microscópio e telescópio que eu tanto apreciava (meus irmãos mais velhos, estudantes de medicina e observadores de pássaros, tinham os seus instrumentos em casa): o movimento lento era como uma ampliação, uma microscopia do tempo, e o movimento acelerado era um resumo, uma telescopia.

Fiz experimentos fotografando plantas. As samambaias tinham para mim um atrativo todo especial, sobretudo os seus báculos, ou frondes novas, tensos com tempo contido, como molas de relógio, com o futuro totalmente enrolado dentro de si. Eu ajustava a câmera em um tripé no jardim e fotografava báculos a intervalos de uma hora; revelava os negativos, imprimia-os e encadernava as fotos impressas, compondo um pequeno álbum. E então, como por mágica, eu podia ver os báculos desenrolarem-se como as línguas de sogra que as crianças sopram nas festas: ali eles levavam um ou dois segundos para fazer o que, na vida real, demorava dois dias.

Desacelerar o movimento não era tão fácil quanto fazer o contrário, e para isso eu dependia de um primo fotógrafo que tinha uma câmera filmadora capaz de gerar mais de cem quadros por segundo. Com ela eu conseguia captar abelhas trabalhando enquanto rodeavam os pés de malva e desacelerar as batidas de asas borradas pelo tempo para poder enxergar distintamente cada movimento de sobe e desce.

Meu interesse por velocidade, movimento e tempo e pelos modos possíveis de fazê-los parecer mais rápidos ou mais lentos propiciaram-me um prazer especial na leitura de duas histórias de H. G. Wells, *A máquina do tempo* e *O novo acelerador*, com suas descrições do tempo alterado vividamente imaginadas, quase cinemáticas.

O Viajante do Tempo de Wells relata:

> Quando aumentei o ritmo, a noite seguiu-se ao dia como o bater de uma asa negra. Vi o Sol pulando depressa pelo céu, um salto por minuto, cada minuto marcando um dia. [...] A mais vagarosa das lesmas passava depressa demais para mim. [...] Enquanto eu prosseguia, ainda ganhando velocidade, a palpitação da noite e do dia logo se fundiu em um acinzentado contínuo [...], o Sol pululante tornou-se uma risca de fogo [...], a Lua, uma faixa flutuante mais pálida. [...] Vi árvores crescerem e mudarem como lufadas de vapor [...], prédios enormes subirem tênues e transparentes e passarem como sonhos. Toda a superfície da Terra parecia mudada — derretendo e fluindo diante dos meus olhos.

O contrário disso ocorre em *O novo acelerador*, a história de uma droga que acelera em cerca de mil vezes as percepções, pensamentos e metabolismo de uma pessoa. Seu inventor e narrador, que também tomou a droga, acaba entrando em um mundo glacial onde ele vê "pessoas como nós e, no entanto, não como nós, congeladas em atitudes descuidadas, surpreendidas em meio a um gesto. [...] E, deslizando no ar, com as asas batendo lentamente, e tão morosa quanto uma lesma excepcionalmente lânguida — uma abelha".

A máquina do tempo foi publicado em 1895, quando havia grande interesse pelos novos poderes da fotografia e cinematografia para revelar detalhes de movimentos que eram inacessíveis a olho nu. O fisiologista francês Étienne-Jules Marey fora o primeiro a mostrar que, em dado momento, um cavalo a galope tinha os quatro cascos simultaneamente fora do chão. Seu trabalho serviu de estímulo para os famosos estudos fotográficos de Eadweard Muybridge sobre o movimento, como observou a historiadora Marta Braun. Por sua vez, Marey, estimulado por Muybridge, inventou câmeras de alta velocidade que podiam desacelerar e quase suspender os movimentos do voo de aves e insetos e, no extremo oposto, usar a fotografia em *time-lapse* para acelerar os movimentos normalmente quase imperceptíveis para nós dos ouriços-do-mar, estrelas-do-mar e outros animais marinhos.

Às vezes eu me perguntava se as velocidades de animais e plantas poderiam ser muito diferentes do que eram: quanto elas seriam restritas por limites internos, quanto por limites externos — a gravidade do planeta, a quantidade de energia recebida do Sol, a quantidade de oxigênio na atmosfera e assim por diante. Com isso, fascinei-me por mais uma história de Wells, *Os primeiros homens da Lua,* onde há uma bela descrição de como o crescimento das plantas foi extraordinariamente acelerado em um corpo celeste que tinha apenas uma fração da gravidade da Terra:

> Com uma convicção constante, uma pronta deliberação, aquelas sementes espantosas projetavam uma raiz na terra e um singular brotinho fasciculado no ar. [...] Os brotos fasciculados inchavam, forçavam e se abriam de súbito, ejetando uma pequena coroa de pontinhas afiadas

> [...] que se alongavam depressa, alongavam-se visivelmente diante dos nossos olhos. O movimento era mais lento que o de qualquer animal, mais rápido que o de qualquer planta que eu já tivesse visto. Como eu poderia descrever para você o modo como se dava aquele crescimento? [...] Você já pegou um termômetro num dia frio com a mão quente e viu o filamento de mercúrio subir devagarinho pelo tubo? Pois as plantas da Lua cresciam assim.

Como em *A máquina do tempo* e *O novo acelerador*, aqui a descrição era irresistivelmente cinemática, e eu ficava pensando se o jovem Wells teria visto fotografias de plantas em *time-lapse*, ou até, como eu, feito experimentos com elas.

Alguns anos mais tarde, quando eu estudava em Oxford, li *Princípios de psicologia*, de William James, e encontrei no maravilhoso capítulo "A percepção do tempo" a seguinte descrição:

> Temos todas as razões para pensar que os seres vivos podem diferir imensamente nas unidades de tempo que eles sentem intuitivamente, bem como na fineza dos eventos que as preenchem. Von Baer comprazeu-se em fazer algumas computações interessantes do efeito dessas diferenças na mudança de aspecto da natureza. Suponha que fôssemos capazes de, no decorrer de um segundo, notar distintamente 10 mil eventos, em vez de apenas dez, como agora; se então a nossa vida fosse destinada a conter o mesmo número de impressões, ela poderia ser mil vezes mais curta. Viveríamos menos de um mês e não conheceríamos pessoalmente as mudanças de estação. Se nascêssemos no inverno, acreditaríamos no verão como hoje acreditamos nos calores da era carbonífera. Os movimentos de seres orgânicos seriam tão lentos para os nossos sentidos que só poderíamos inferi-los, e não vê-los. O Sol quedaria parado no céu, a Lua seria quase desprovida de mudança e assim por diante. Mas agora inverta essa hipótese e suponha um ser que recebesse apenas a milésima parte das sensações que temos em dado momento e, consequentemente, vivesse mil vezes mais tempo. Invernos e verões seriam para ele como quartos de hora. Cogumelos e plantas de crescimento mais rápido brotariam tão rapidamente que pareceriam criações instantâneas; arbustos anuais subiriam e desceriam no solo como incessantes fontes de água fervente; os movimentos dos animais seriam tão invisíveis quanto são para nós os movimentos das balas de revólver e de canhão; o Sol passaria velozmente pelo céu como um meteoro, deixando atrás de si uma trilha feérica etc. Seria precipitado

negar que casos imaginários desse tipo (salvo a longevidade humana) poderiam acontecer em alguma parte do reino animal.

Isso foi publicado em 1890, quando Wells era um jovem biólogo (e autor de textos de biologia). Ele teria lido James ou até mesmo as computações originais de Von Baer dos anos 1860? Poderíamos inclusive dizer que existe um modelo cinematográfico implícito em todas essas descrições, pois registrar números maiores ou menores de eventos em um determinado tempo é exatamente o que fazem as câmeras filmadoras quando são ajustadas para velocidades maiores ou menores que os costumeiros 24 quadros por segundo.

Muitos dizem que o tempo parece que passa mais depressa, os anos voam, conforme se fica mais velho — ou porque quando se é jovem os dias são cheios de novidades, impressões emocionantes, ou porque, à medida que a pessoa envelhece, um ano passa a ser uma fração cada vez menor de sua vida. No entanto, se os anos parecem passar mais depressa, as horas e os minutos sempre foram iguais.

Ou pelo menos assim me parece (agora que sou um septuagenário), embora experimentos tenham demonstrado que, enquanto jovens conseguem estimar com precisão notável um período de três minutos contando internamente, indivíduos mais velhos parecem contar mais devagar, por isso seus três minutos percebidos são mais próximos dos três minutos e meio a quatro minutos do relógio. Não está claro, contudo, se esse fenômeno teria alguma relação com o sentimento existencial ou psicológico de que o tempo passa mais depressa conforme envelhecemos.

As horas e os minutos ainda me parecem torturantemente longos quando estou entediado e muito curtos quando estou ocupado. Na infância eu detestava ir à escola e ser forçado a ouvir passivamente a toada monótona dos professores. Quando eu olhava discretamente para o relógio, contando os minutos para a libertação, o ponteiro dos minutos, e até o dos segundos, parecia mover-se com uma lentidão infinita. Em situações assim, a consciência do tempo é exagerada; na verdade, quando sentimos tédio, pode não haver consciência de mais nada *exceto* do tempo.

Em contraste, eu tinha as delícias de meus experimentos e reflexões no pequeno laboratório químico que montei em casa, onde, no fim de semana, eu podia passar um dia inteiro feliz e absorto em uma atividade. Nessas ocasiões eu não tinha a menor consciência do tempo até começar a sentir dificuldade para enxergar o que estava fazendo e perceber que tinha anoitecido. Anos depois, quando li o que Hannah Arendt escreveu (em *A vida do espírito*) sobre "uma região atemporal, uma presença eterna em total quietude, inteiramente fora dos relógios e calendários [...], a quietude do Agora na existência humana pressionada e sacudida pelo tempo. [...] Esse pequeno espaço sem tempo no próprio cerne do tempo", eu sabia exatamente do que ela estava falando.

Sempre houve relatos sobre a percepção do tempo por pessoas que se viram repentinamente ameaçadas por um perigo mortal, mas o primeiro estudo sistemático foi feito em 1892 pelo geólogo suíço Albert Heim; ele explorou os estados mentais de trinta pessoas que haviam sobrevivido a quedas nos Alpes. "A atividade mental tornava-se enorme, chegava a ter sua velocidade centuplicada", ele escreveu. "O tempo expandia-se imensamente. [...] Em muitos casos, o indivíduo revia todo o seu passado." Nessa situação, ele prosseguiu, "não há ansiedade", e sim "profunda aceitação".

Quase um século mais tarde, nos anos 1970, Russell Noyes e Roy Kletti, da Universidade de Iowa, exumaram e traduziram o estudo de Heim, depois coletaram e analisaram mais de duzentos relatos de experiências desse tipo. A maioria dos participantes de seu estudo, como os do estudo de Heim, relatou aceleração na velocidade do pensamento e uma aparente desaceleração do tempo durante o que eles julgaram ser seus últimos momentos.

Um piloto de corrida que foi atirado dez metros para o alto em um acidente de carro contou: "A impressão foi de que a coisa toda levou uma eternidade. Tudo foi em câmera lenta, e parecia que eu era um ator num palco e podia me ver rolando várias vezes [...] como se eu estivesse sentado na arquibancada, assistindo àquilo tudo [...] mas não senti medo". Outro motorista, que ao chegar à crista de uma ladeira em alta velocidade se viu a menos de trinta metros de um trem que ele teve certeza que o mataria, observou: "Quando o trem passou, vi o rosto do condutor. Era como um filme rodando devagar, e os quadros avançavam espasmodicamente. Foi assim que vi o rosto dele".

Enquanto algumas dessas experiências de quase morte são marcadas por uma sensação de impotência e passividade, e até de dissociação, em outras há forte sensação de proximidade e realidade, além de uma drástica aceleração de pensamentos, percepções e reações que permite à pessoa passar com êxito pelo perigo. Noyes e Kletti mencionaram um piloto de jato que defrontou uma morte quase certa quando seu avião foi lançado inapropriadamente de seu transportador: "Eu me recordei vividamente, em cerca de três segundos, de mais de uma dezena de ações necessárias para recuperar a atitude de voo. Os procedimentos de que eu precisava ficaram disponíveis de imediato. Minha capacidade de lembrar foi quase total, e eu me senti no controle de tudo".

Noyes e Kletti relataram que muitos dos indivíduos que eles estudaram sentiram que "realizaram proezas, tanto mentais como físicas, que normalmente não estariam ao alcance deles".

De certo modo, essas situações podem ser semelhantes às que ocorrem com atletas profissionais, sobretudo em competições que exigem reações muito rápidas.

Uma bola de beisebol pode atingir quase 160 quilômetros por hora e, no entanto, como muitos já relataram, dar a impressão de estar quase parada no ar, até com as costuras visíveis, quando o batedor se vê em uma paisagem temporal subitamente ampliada e espaçosa onde ele tem todo o tempo de que precisa para rebater a bola.

Em uma corrida de bicicleta, os ciclistas podem pedalar a quase 65 quilômetros por hora, separados por centímetros. Para um observador, a situação parece muito precária e, de fato, os atletas podem estar a milésimos de segundos de distância uns dos outros. O menor erro acarretaria a queda de muitos. No entanto, para os ciclistas, em sua concentração intensa, tudo parece mover-se com relativa lentidão, e há espaço e tempo suficientes para permitir improvisação e manobras complexas.

Os movimentos vertiginosos dos mestres em artes marciais, demasiado rápidos para serem acompanhados por olhos destreinados, podem ser executados, na mente do lutador, quase com a deliberação e graciosidade de um bailarino, e a isso os treinadores e preparadores chamam de concentração relaxada. Essa alteração na percepção da velocidade costuma ser retratada em filmes como *Matrix* mediante o recurso de mostrar versões aceleradas e desaceleradas da ação.

A expertise de um atleta, independentemente de seus talentos inatos, só é adquirida com anos de prática e treinamento dedicado. De início é preciso esforço e atenção intensos e conscientes para aprender cada nuance da técnica e do tempo das ações. Mas, a certa altura, as habilidades básicas e suas representações neurais tornam-se tão arraigadas no sistema nervoso que são quase uma segunda natureza, dispensando o esforço ou decisão consciente. Um nível de atividade cerebral pode funcionar automaticamente enquanto outro, o nível consciente, fabrica uma percepção temporal, a qual é elástica e pode ser comprimida ou expandida.

Nos anos 1960, o neurofisiologista Benjamin Libet investigou como eram tomadas decisões motoras simples e descobriu que era possível detectar sinais do cérebro indicadores de um ato de decisão várias centenas de milésimos de segundo antes de se ter a percepção consciente do ato. Um velocista de elite pode já ter percorrido cerca de cinco metros na pista quando surge sua percepção consciente de que foi dado o tiro de largada. Ele pode estar fora dos blocos de partida em 130 milésimos de segundo, enquanto o registro consciente do tiro de largada requer quatrocentos milésimos de segundo ou mais. O atleta acredita que ouviu conscientemente o tiro e só então disparou imediatamente dos blocos, porém essa é uma ilusão que, para Libet, é possibilitada porque a mente "precede" a percepção do som do tiro em quase meio segundo.

Esse tipo de reordenação temporal, assim como a aparente compressão ou expansão do tempo, traz a questão de como percebemos o tempo normalmente. William James supôs que nossa avaliação do tempo, nossa velocidade de percepção, depende de quantos "eventos" podemos perceber em uma dada unidade temporal.

Há muitas razões para supor que a percepção consciente (pelo menos a percepção visual) não é contínua, e sim composta de momentos separados, como os quadros de um filme, que são então combinados para dar uma aparência de continuidade. Ao que parece, não ocorre essa partição do tempo em ações automáticas rápidas como rebater uma bola de tênis ou de beisebol. O neurocientista Christof Koch distingue entre "comportamento" e "experiência", e supõe que "o comportamento pode ser executado de um modo contínuo, enquanto a experiência pode estruturar-se em intervalos distintos, como em um filme". Esse modelo de consciência permitiria um mecanismo jamesiano pelo qual a percepção do tempo poderia ser acelerada ou desacelerada. Koch supõe que a aparente desaceleração do tempo em emergências e em ações atléticas (ao menos quando os atletas estão "na zona" de seu desempenho máximo) pode ter lugar graças ao poder da atenção intensa para reduzir a duração dos quadros individuais.

Para William James, os afastamentos mais notáveis do "tempo normal" eram proporcionados pelos efeitos de certas drogas. Ele experimentou várias, desde o óxido nitroso até o peiote, e, em seu capítulo sobre a percepção do tempo, referiu-se ao haxixe imediatamente após uma reflexão sobre Von Baer: "Na intoxicação por haxixe, ocorre um curioso aumento na perspectiva temporal aparente. Dizemos uma frase e, antes que ela chegue ao fim, o começo já parece datar de um passado indefinidamente remoto. Entramos em uma rua curta, e é como se nunca mais fôssemos chegar ao fim dela".

As observações de James são um eco quase exato das que Jacques-Joseph Moreau fizera cinquenta anos antes. O médico Moreau foi um dos pioneiros da moda do haxixe em Paris nos anos 1840 — ele era membro, junto com Gautier, Baudelaire, Balzac e outros intelectuais e artistas, do Le Club des Hachichins. Moreau escreveu:

> Uma noite, eu andava pela passarela coberta da Place de l'Opéra quando me surpreendi com a demora para chegar ao outro lado. Eu dera alguns passos, no máximo, mas me pareceu que eu tinha estado ali por duas ou três horas. [...] Apressei o passo, mas o tempo não passou mais depressa. [...] Tive a impressão [...] de que a passarela era infinitamente longa e que a saída na direção da qual eu andava recuava ao longe na mesma proporção da velocidade do meu andar.

Paralelamente à sensação de que algumas palavras, alguns passos demoram um tempo absurdo, pode ocorrer a sensação de um mundo intensamente desacelerado, ou até suspenso. Louis J. West, citado no livro *Psychotomimetic Drugs*, de 1970 (organizado por Daniel Efron), contou uma piada: "Dois hippies estavam sentados no parque Golden Gate, muito 'chapados'. Um avião a jato passa no céu e desaparece; um hippie vira para o outro e diz: 'Cara, pensei que ele nunca mais iria embora!'".

No entanto, embora o mundo exterior pareça desacelerado, um mundo interior de imagens e pensamentos pode decolar a alta velocidade. A pessoa pode embarcar em uma elaborada viagem mental, visitar vários países e culturas, compor um livro ou uma sinfonia, viver uma vida inteira ou toda uma época da história e, por fim, ver que decorreram apenas alguns minutos ou segundos. Gautier descreve como ele entrou em um transe provocado por haxixe no qual "as sensações vinham umas atrás das outras, tão numerosas e apressadas que era impossível avaliar verdadeiramente o tempo". Subjetivamente, pareceu-lhe que aquele intervalo era de "trezentos anos", mas, ao despertar, ele descobriu que não se passara mais do que um quarto de hora.

A palavra "despertar" pode ser mais do que uma figura de retórica nesse caso, pois esses tipos de "viagem" com certeza já foram comparados a sonhos ou experiências de quase morte. Eu mesmo já tive algumas vezes a impressão de ter vivido uma vida inteira entre o primeiro toque do despertador, às cinco horas, e o segundo, cinco minutos mais tarde.

Às vezes, quando estamos adormecendo, pode ocorrer um movimento brusco e involuntário do corpo (um puxão "mioclônico"). Embora essas contrações sejam geradas por partes primitivas do tronco cerebral (elas são, por assim dizer, reflexos do tronco cerebral) e, portanto, não tenham nenhum significado ou motivo intrínseco, elas podem ganhar significado e contexto, ser transformadas em atos, por meio de um sonho improvisado. Por exemplo, o espasmo pode ser associado a um sonho de tropeçar ou cair num precipício, jogar o corpo para a frente a fim de apanhar uma bola etc. Os sonhos desse tipo podem ser extremamente vívidos e ter várias "cenas". Subjetivamente, parecem começar antes do espasmo, porém podemos presumir que todo o mecanismo do sonho é estimulado pela primeira percepção pré-consciente do espasmo. Toda essa elaborada reestruturação temporal ocorre em um segundo ou menos.

Em certas crises epilépticas, às vezes chamadas de experienciais, uma recordação ou alucinação detalhada do passado impõe-se de súbito à consciência do paciente e, até seu término, segue um curso que subjetivamente é demorado e sem pressa, embora objetivamente aconteça em apenas alguns segundos. Crises desse tipo costumam vir associadas a atividade convulsiva nos lobos temporais do cérebro e, em alguns pacientes, podem ser induzidas por estimulação elétrica de certos pontos de gatilho na superfície dos lobos. Às vezes, junto com sua enorme duração subjetiva, essas experiências epilépticas são imbuídas de um sentimento de significado metafísico. Dostoiévski escreveu sobre crises semelhantes:

> Há momentos, e é uma questão de segundos apenas, em que se sente a presença da harmonia eterna. [...] É uma coisa terrível a clareza assustadora com que ela se manifesta e o êxtase que se sente. [...] Durante esses cinco segundos, eu vivo toda uma existência humana, e por eles daria minha vida inteira sem pensar que estou pagando caro demais.

Em momentos assim pode não existir uma sensação interna de velocidade, mas em outras ocasiões — especialmente com mescalina ou LSD — a pessoa pode sentir-se arremessada em universos de pensamento a velocidades incontroláveis, supraliminares. Em *The Major Ordeals of the Mind*, o poeta e pintor francês Henri Michaux escreve: "Pessoas que voltam da velocidade da mescalina mencionam uma aceleração de cem ou duzentas vezes, e até de quinhentas vezes a velocidade normal". Ele comenta que isso provavelmente é uma ilusão, mas acrescenta que, mesmo se a aceleração fosse muito menor — "mesmo apenas seis vezes" a normal —, ainda assim o aumento provocaria uma sensação avassaladora. Para Michaux, o que se vivencia não é bem um enorme acúmulo de detalhes literais exatos, e sim uma série de impressões gerais, centelhas impressionantes, como em um sonho.

Isso posto, contudo, se a velocidade do pensamento pudesse ser aumentada em grau significativo, o aumento se evidenciaria prontamente (se tivéssemos os meios experimentais para examiná-lo) em registros fisiológicos do cérebro, e talvez ilustrasse os limites do que é neuralmente possível. Necessitaríamos, porém, do nível certo de atividade celular para fazer o registro, que não seria o nível de células nervosas individuais, mas um nível superior, o da interação entre grupos de neurônios no córtex cerebral, que, às dezenas ou centenas de milhares, formam o correlato neural da consciência.

A velocidade dessas interações neurais normalmente é regulada por um delicado equilíbrio de forças excitatórias e inibitórias, mas existem certas condições nas quais as inibições são relaxadas. Sonhos podem ganhar asas, mover-se com liberdade e rapidez justamente porque a atividade do córtex cerebral não é restrita pela percepção ou realidade externa. Talvez considerações semelhantes apliquem-se aos transes induzidos por mescalina ou haxixe.

Outras drogas (depressores, em geral, como opiáceos e barbitúricos) podem ter o efeito oposto, produzir uma inibição opaca, densa, do pensamento e movimento, de modo que a pessoa entra em um estado no qual parece quase não acontecer coisa nenhuma, e então volta a si, depois do que parece ter sido apenas alguns minutos, e descobre que um dia inteiro se passou. Efeitos assim lembram a ação do Retardador, uma droga que Wells imaginou como o oposto do Acelerador: "O Retardador [...] deve permitir que o paciente distribua alguns segundos ao longo de muitas horas do tempo regular e, assim, mantenha uma inação apática, uma ausência congelada de alacridade, em meio ao mais animado ou irritante dos ambientes".

Eu me dei conta de que podiam existir transtornos profundos e persistentes da velocidade neural durante anos ou até décadas em 1966, quando fui trabalhar no hospital Beth Abraham no Bronx, um centro para pacientes com doenças crônicas. Lá encontrei os pacientes que eu descreveria mais tarde em meu livro *Awakenings* [*Tempo de despertar,* na edição brasileira]. Havia dezenas deles no saguão e nos corredores, e cada um se movia a um ritmo próprio: alguns violentamente acelerados, outros em câmera lenta, outros ainda quase congelados. Quando vi aquela paisagem de tempo desordenado, lembrei-me subitamente do Acelerador e do Retardador de Wells. Fiquei sabendo que todos aqueles pacientes eram sobreviventes da grande pandemia de encefalite letárgica que assolou o mundo de 1917 a 1928. Dos milhões que contraíram essa "doença do sono", cerca de um terço morreu nas fases agudas, em estados de sono tão profundos que impossibilitavam o despertar, ou em estados de vigília tão intensos que impossibilitavam a sedação. Alguns dos sobreviventes, embora frequentemente acelerados e excitados no início, apresentaram depois uma forma extrema de parkinsonismo que os desacelerou ou até congelou, às vezes por décadas. Alguns dos pacientes continuaram acelerados, e um deles, Ed M., mostrava aceleração de um lado do corpo e desaceleração do outro.*

Na doença de Parkinson comum, além do tremor ou rigidez, vemos desacelerações e acelerações moderadas, mas no parkin-

---

* O próprio vocabulário do parkinsonismo é expresso em termos de velocidade. Os neurologistas possuem um conjunto de termos para denotá-la: se o movimento é desacelerado, falam em "bradicinesia"; se suspenso, é "acinesia"; se excessivamente rápido, dizem "taquicinesia". Analogamente, pode haver "bradifrenia" ou "taquifrenia" — uma desaceleração ou aceleração do pensamento.

sonismo pós-encefalítico, cujos danos ao cérebro costumam ser muito maiores, podem ocorrer desacelerações e acelerações nos extremos fisiológicos e mecânicos do cérebro e do corpo. A dopamina, um neurotransmissor essencial ao fluxo normal de movimentos e pensamentos, é drasticamente reduzida na doença de Parkinson comum, e cai a menos de 15% dos níveis normais. No parkinsonismo pós-encefalítico, os níveis de dopamina podem tornar-se quase indetectáveis.

Em 1969 pude começar a tratar a maioria desses pacientes congelados com a droga levodopa, que havia pouco se revelara eficaz para elevar os níveis de dopamina no cérebro. Isso restaurou inicialmente a velocidade normal e a liberdade de movimento para muitos dos pacientes. No entanto, mais tarde, sobretudo nos mais gravemente afetados, empurrou-os na direção oposta. Uma paciente, Hester Y., sofreu tamanha aceleração dos movimentos e da fala depois de cinco dias tomando levodopa que observei em meu diário:

> Se antes ela fazia pensar num filme em câmera lenta, ou num quadro de filme persistente, emperrado no projetor, agora dava a impressão de um filme acelerado, tanto assim que meus colegas, ao verem um filme da sra. Y. que eu fiz na época, teimaram em achar que o projetor estava funcionando rápido demais.

De início, supus que Hester e outros pacientes percebiam os ritmos incomumente lentos aos quais eles se moviam, falavam ou pensavam, mas que eram incapazes de controlar-se. Logo descobri que isso estava longe de ser verdade. E essa ideia também não se aplica a pacientes com a doença de Parkinson comum, como observou o neurologista inglês William Gooddy no começo de seu livro *Time and the Nervous System*. Um observador pode notar que os movimentos parkinsonianos são lentos, ele escreveu, mas "o paciente dirá 'Meus movimentos [...] parecem normais, a menos que eu veja no relógio o quanto eles demoram. O relógio na parede da enfermaria parece andar rápido demais'".

Gooddy refere-se aqui ao tempo "pessoal" em contraste

com o tempo "do relógio", e o grau em que o tempo pessoal destoa do tempo do relógio pode tornar-se quase intransponível nos casos de bradicinesia extrema comuns no parkinsonismo pós-encefalítico. Eu via frequentemente meu paciente Miron V. sentado no corredor perto do meu consultório. Ele parecia imóvel, muitas vezes com o braço direito erguido, ora a uns cinco centímetros acima do joelho, ora próximo do rosto. Quando lhe perguntei a respeito dessas poses congeladas, ele comentou, indignado: "Como assim, 'poses congeladas'? Eu só estava coçando o nariz".

Eu me perguntei se ele não estaria brincando comigo. Um dia, ao longo de várias horas, tirei uma série de vinte e tantas fotos e as grampeei, fazendo um caderninho para folhear, como os que eu criava para ver os báculos de samambaia se desenrolarem. Com isso, pude ver que Miron realmente estava coçando o nariz, só que a uma velocidade mil vezes menor que a normal.

Hester também parecia não se dar conta do grau em que seu tempo pessoal divergia do tempo do relógio. Uma ocasião, pedi aos meus alunos para jogarem bola com ela, e eles não conseguiam pegar a bola que ela lhes lançava a uma velocidade fulminante. Hester devolvia o passe tão depressa que as mãos deles, ainda esticadas depois de terem feito o lançamento, podiam ser atingidas com força pela bola que voltava. "Estão vendo como ela é rápida?", eu dizia. "Não a subestimem. É melhor se prepararem." Mas eles não conseguiam se preparar, porque seus melhores tempos de reação beiravam um sétimo de segundo, enquanto o de Hester mal superava um décimo de segundo.

Só quando Miron e Hester se viram em estados normais, nem excessivamente retardados nem acelerados, eles foram capazes de avaliar o quanto sua lentidão ou rapidez era espantosa, e às vezes era preciso mostrar-lhes um filme ou gravação para convencê-los.*

---

* Os transtornos de escala espacial são tão comuns no parkinsonismo quanto os transtornos de escala temporal. Um sinal quase diagnóstico de parkinsonismo é a micrografia, a caligrafia minúscula e frequentemente cada vez menor. Em geral, os pacientes não se dão conta disso no momento; só depois, quando estão de volta a um referencial

Nos distúrbios de escala temporal quase não parece haver limite para o grau em que a desaceleração pode ocorrer, e às vezes a aceleração do movimento parece restrita apenas pelos limites físicos da articulação. Se Hester tentasse falar ou contar em voz alta quando estava em um dos seus estados acelerados, as palavras ou números colidiam uns com os outros. Limitações físicas desse tipo eram menos evidentes para o pensamento e a percepção. Quando lhe mostravam um desenho em perspectiva do cubo de Necker (uma figura ambígua que normalmente parece mudar de perspectiva a cada poucos segundos), ela podia, quando desacelerada, ver mudanças a cada um ou dois minutos (ou não ver nenhuma mudança se estivesse "congelada"); mas, se estivesse acelerada, ela via o cubo "lampejar", mudando de perspectiva várias vezes por segundo.

Acelerações espantosas também podem ocorrer na síndrome de Tourette, uma condição caracterizada por compulsões, tiques, movimentos e ruídos involuntários. Alguns pacientes com essa síndrome são capazes de apanhar moscas em pleno voo. Perguntei a um deles como conseguia, e ele respondeu que não sentia que estava se movendo depressa: ao contrário, para ele, a mosca é que se movia devagar.

Quando uma pessoa estende a mão para tocar ou pegar alguma coisa, a velocidade normal é de aproximadamente um metro por segundo. Indivíduos normais que participaram de experimentos chegaram a 4,5 metros por segundo quando lhes foi pedido para fazer isso o mais rápido possível. Mas quando pedi a Shane F., um artista com síndrome de Tourette, para estender a mão com a maior rapidez, ele conseguiu atingir a velocidade de sete metros por segundo com facilidade, sem prejuízo de suavidade e precisão.* Quando lhe pedi para fazer isso a velocidades

---

espacial normal, conseguem avaliar que sua letra estava menor do que o habitual. Portanto, para alguns pacientes, pode haver uma compressão do espaço que é comparável à compressão do tempo. Um de meus pacientes pós-encefalíticos dizia: "O meu espaço, o nosso espaço, não se parece nada com o seu espaço".

* Meus colegas e eu apresentamos esses resultados em um encontro da Society for Neuroscience (ver Sacks et al., 1993).

normais, seus movimentos tornaram-se tolhidos, desajeitados, imprecisos e cheios de tiques.

Outro paciente com sintomas severos da síndrome de Tourette e a fala muito acelerada disse-me que, além dos tiques e vocalizações que eu podia ver e ouvir, havia outros que os meus olhos e ouvidos "lerdos" talvez não captassem. Foi preciso filmar e analisar quadro a quadro para que o grande conjunto desses "microtiques" pudesse ser visto. Na verdade, podia haver várias séries de microtiques ocorrendo ao mesmo tempo, aparentemente sem ligação nenhuma uns com os outros, perfazendo talvez dezenas de microtiques em um único segundo. Era assombroso que toda essa complexidade pudesse ser encontrada a tal velocidade, e eu pensei comigo que seria possível escrever um livro inteiro, um atlas de tiques, com base em meros cinco segundos de filme. Um atlas assim, imaginei, forneceria uma espécie de microscopia da mente-cérebro, pois todos os tiques têm determinantes, sejam internos ou externos, e o repertório de tiques de cada paciente é único.

Os tiques vocais que podem ocorrer com a síndrome de Tourette lembram o que o grande neurologista britânico John Hughlings Jackson chamou de fala "emocional" ou "ejaculada" (em contraste com a fala "proposicional", complexa e sintaticamente elaborada). A fala ejaculada é essencialmente reativa, pré-consciente e impulsiva; escapa à monitoração dos lobos frontais, da consciência e do ego, e escapa da boca antes que seja possível inibi-la.

Não apenas a velocidade, mas também a qualidade do movimento e do pensamento é alterada no touretismo e parkinsonismo. O estado acelerado tende a ser exuberante em invenção e imaginação, a pular rapidamente de uma associação para outra, arrebatado por seu próprio ímpeto. Em contraste, a lentidão tende a trazer preocupação e cautela, uma postura comedida e crítica, a qual tem seus usos tanto quanto os rompantes de efusão. Isso foi revelado por Ivan Vaughan, um psicólogo com doença de Parkinson, que escreveu um relato biográfico intitulado *Ivan:*

Living with Parkinson's Disease. Ele me contou que procurava escrever enquanto estava sob a influência da levodopa, pois nesses momentos sua imaginação e seus processos mentais pareciam fluir com mais liberdade e rapidez, e ocorriam-lhe todo tipo de associações ricas e inesperadas (no entanto, se ele ficasse acelerado demais, isso podia tirar seu foco e lançá-lo em digressões diversas). Quando os efeitos da levodopa se dissipavam, ele aproveitava para fazer a revisão do que tinha escrito, pois então se via no estado perfeito para enxugar a prosa às vezes exuberante demais que ele compusera quando estava "ligado".

Meu paciente Ray, embora frequentemente sucumbisse ao assédio e à intimidação de sua síndrome de Tourette, também conseguia explorar sua condição de várias maneiras. A velocidade (e, às vezes, estranheza) de suas associações aguçavam-lhe enormemente o raciocínio; ele dizia que tinha "tiques com chistes" e "chistes com tiques", e se apresentava como Witty Ticcy Ray.* Sua rapidez e espirituosidade, quando combinadas aos seus talentos musicais, faziam dele um baterista com formidável talento para improvisar. E no jogo de pingue-pongue ele era quase imbatível, não só por sua incrível velocidade de reação, mas também porque seus lances, embora não fossem tecnicamente ilegais, eram tão imprevisíveis (até para ele mesmo) que os adversários ficavam atarantados e não conseguiam rebater a bola.**

As pessoas com formas muito graves da síndrome de Tourette talvez sejam o mais próximo que existe dos seres acelerados imaginados por Von Baer e James, e alguns pacientes com essa condição se descrevem como "supercarregados". "É como ter um motor de quinhentos cavalos-vapor debaixo do boné", diz um de meus pacientes. De fato, existem vários atletas de elite com síndrome de Tourette, entre eles Jim Eisenreich e Mike Johnston no beisebol, Mahmoud Abdul-Rauf no basquete e Tim Howard no futebol.

Mas se a velocidade da síndrome de Tourette pode ser tão

---

* Uma tradução livre seria "Ray dos tiques e chistes". (N. T.)

** Ray é descrito no livro *O homem que confundiu sua mulher com um chapéu*.

adaptativa, uma espécie de dom neurológico, por que a seleção natural não atuou de modo a aumentar o número dos "velozes" em nossa população? Qual é o sentido de ser relativamente vagaroso, tranquilo e "normal"? As desvantagens da lentidão excessiva são óbvias, mas talvez seja necessário mencionar que a velocidade excessiva também traz muitos problemas. A velocidade de pessoas com síndrome de Tourette ou pós-encefalite vem junto com desinibição, com uma impulsividade e impetuosidade que permitem o surgimento súbito de movimentos e impulsos "inapropriados". Nessas condições, impulsos perigosos — como pôr o dedo no fogo ou correr para cima de carros em movimento, que geralmente o resto de nós inibe — podem ser liberados e transformados em ação antes que a consciência consiga intervir.

E, em casos extremos, se o fluxo de pensamentos for rápido demais, pode perder-se, fragmentar-se numa torrente de distrações superficiais e digressões, dissolver-se em brilhante incoerência, em um delírio fantasmagórico, quase onírico. Pessoas com sintomas graves da síndrome de Tourette, como Shane, podem achar os movimentos, pensamentos e reações das outras pessoas insuportavelmente "lerdos", e nós, os "neuronormais", às vezes nos desconcertamos com a velocidade de pessoas como Shane. "Macacos é o que essas pessoas me parecem", James escreveu em outro contexto, "enquanto para elas nós parecemos répteis".

No famoso capítulo "Vontade", em *Princípios de psicologia,* James discorre sobre o que ele chama de vontade "perversa" ou patológica, e diz que ela existe em duas formas opostas: a *explosiva* e a *obstruída*. Ele usou esses termos em relação a propensões psicológicas e temperamentos, mas elas parecem igualmente apropriadas quando falamos em transtornos fisiológicos como o parkinsonismo, a síndrome de Tourette e a catatonia. (Parece estranho James nunca mencionar que, ao menos ocasionalmente, essas vontades opostas, a explosiva e a obstruída, tinham relação uma com a outra, pois ele decerto viu pessoas com o que hoje chamamos de transtorno maníaco-depressivo ou bipolar serem lançadas de um extremo ao outro, durante semanas ou meses.)

Um amigo parkinsoniano disse que estar em um estado desacelerado é como ficar atolado num barril de manteiga de amendoim, enquanto no estado acelerado ele tem a impressão de estar no gelo, sem atrito, escorregando por um declive cada vez mais íngreme, ou em um planeta minúsculo, sem gravidade, sem nenhuma força que o segure ou ancore.

Embora esses estados emperrados e comprimidos pareçam estar no polo oposto dos estados explosivos e acelerados, é possível pacientes mudarem quase instantaneamente de um para outro. O termo "cinesia paradoxal" foi introduzido por neurologistas franceses nos anos 1920 para designar essas transições notáveis, apesar de raras, em pacientes pós-encefalíticos que passaram anos mal se movendo mas podiam ser "libertados" de súbito e mover-se com grande energia e força até retornar, após alguns minutos, a seu estado anterior de imobilidade. Quando Hester Y. foi medicada com levodopa, esse tipo de alteração atingiu um grau extraordinário, e ela às vezes sofria dezenas de inversões em um dia.

Reversões semelhantes foram vistas em muitos pacientes com síndrome de Tourette grave que podiam ser induzidos a uma interrupção de movimentos quase estuporosa por doses minúsculas de certas drogas. Mesmo sem medicação, estados de concentração imóvel e quase hipnótica tendem a ocorrer em pacientes com síndrome de Tourette, e representam o outro lado, por assim dizer, do estado hiperativo e distraído.

Na catatonia também podem ocorrer transformações drásticas e instantâneas de estados de imobilidade e estupor para estados de atividade desenfreada, frenética.* A catatonia raramente é vista, ainda mais em nossa era de tranquilizantes, mas parte do

* O grande psiquiatra Eugen Bleuler descreveu essas transformações em 1911: "Às vezes, a paz e a quietude são interrompidas pela ocorrência de um rapto catatônico. O paciente levanta-se de repente, despedaça alguma coisa, agarra alguém com força e destreza extraordinárias. [...] Um catatônico desperta de sua rigidez, corre pelas ruas de pijama por três horas e finalmente cai e permanece deitado na sarjeta em um estado cataléptico. Com frequência, os movimentos são executados com grande força e quase sempre envolvem grupos musculares desnecessários. [...] Eles parecem ter perdido o controle da medida e da força de seus movimentos".

medo e perplexidade inspirados pela loucura devem provir dessas transformações súbitas, imprevisíveis.

Catatonia, parkinsonismo e síndrome de Tourette, tanto quanto a depressão maníaca, podem ser todos considerados transtornos "bipolares". Todos eles, usando aqui o termo do século XIX, são transtornos *à double forme* — transtornos de face de Jano, que podem passar imediatamente de uma forma a outra. A possibilidade de qualquer estado neutro, qualquer estado não polarizado, qualquer "normalidade" é tão reduzida em transtornos desse tipo que devemos imaginar uma "superfície" da doença em feitio de ampulheta ou haltere, com apenas um pescoço ou istmo fino de neutralidade entre os dois extremos.

É comum em neurologia falar em déficits — a anulação de uma função fisiológica (e talvez psicológica) por uma lesão ou área danificada no cérebro. Lesões no córtex tendem a resultar em déficits "simples", como a perda da visão em cores ou da capacidade de reconhecer letras ou números. Em contraste, lesões nos sistemas reguladores do subcórtex que controlam movimento, ritmo, emoção, apetite, nível de consciência etc. prejudicam o controle e a estabilidade, e os pacientes perdem a base normalmente ampla de resiliência, o território do meio, e são jogados quase inermes, como marionetes, de um extremo ao outro.

Doris Lessing escreveu sobre a situação dos meus pacientes pós-encefalíticos: "Isso nos faz perceber que vivemos no fio da navalha". No entanto, quando estamos com saúde não vivemos no fio da navalha, mas sobre um telhado de normalidade amplo e estável. Fisiologicamente, a normalidade neural reflete um equilíbrio entre os sistemas excitatórios e inibitórios no cérebro, um equilíbrio que, na ausência de drogas ou lesões, tem amplitude e resiliência notáveis.

Os seres humanos têm ritmos de movimento relativamente constantes e característicos, embora algumas pessoas sejam um pouco mais rápidas, outras mais lentas e haja muitas variações em nossos níveis de energia e atividade durante o dia. Somos mais enérgicos e nos movemos um pouco mais depressa, vivemos mais depressa quando mais jovens; desaceleramos um pouco, pelo menos nos movimentos corporais e nos tempos de reação, à medida que envelhecemos. Mas o conjunto de todos esses ritmos, ao menos em pessoas comuns, em circunstâncias normais, é bem limitado. Não há muita diferença nos tempos de reação entre velhos e jovens, ou entre os melhores atletas do mundo e os menos atléticos dentre nós. Isso parece valer também para as operações mentais básicas — a velocidade máxima à qual as pessoas conseguem realizar computações, reconhecimentos, associações visuais e outras em série. Os desempenhos espantosos dos mestres de xadrez, dos calculadores velozes, dos improvisadores musicais e outros virtuoses talvez tenham menos relação com a velocidade neural básica do que com o enorme conjunto de conhecimentos, padrões e estratégias memorizados e habilidades imensamente refinadas que eles têm à disposição.

Entretanto, ocasionalmente surgem algumas pessoas que parecem atingir velocidades de pensamento quase sobre-humanas. Temos o célebre exemplo do físico Robert Oppenheimer, que, quando jovens físicos vinham explicar-lhe suas ideias, entendia em segundos o ponto principal e as implicações daqueles pensamentos, interrompia-os e expandia as ideias deles quase assim que abriam a boca. Praticamente qualquer um que ouvisse Isaiah Berlin discursar de improviso com uma rapidez torrencial, empilhando imagem sobre imagem, ideia sobre ideia, construindo enormes estruturas mentais que evoluíam e se dissolviam diante dos nossos olhos, sentia que estava testemunhando um fenômeno mental assombroso. E isso também se aplica a um gênio da comédia como Robin Williams, cujos voos explosivos e incandescentes de associação e espirituosidade parecem decolar e disparar a velocidades de foguete. No entanto, presumivelmente não se está falando aqui da velocidade de células nervosas simples e circuitos simples, mas de redes neurais de ordem muito superior, que excedem a complexidade do maior supercomputador.

Ainda assim, mesmo os seres humanos mais rápidos têm sua velocidade limitada por determinantes neurais básicos, por células com taxas de disparo limitadas e velocidades de condução entre diferentes células e grupos celulares limitadas. E se pudéssemos, de alguma forma, acelerar o nosso desempenho dez, cinquenta vezes, nos veríamos totalmente fora de sincronia com o mundo à nossa volta e em uma situação tão bizarra quanto a do narrador na história de Wells.

Contudo, podemos compensar as limitações do nosso corpo, dos nossos sentidos, com instrumentos de vários tipos. Destravamos o tempo, como no século XVII destravamos o espaço, e agora temos à disposição o que, na prática, são microscópios e telescópios temporais prodigiosamente potentes. Com eles, conseguimos obter aceleração ou retardamento um quatrilhão de vezes maiores e assistir, por exemplo, com a ajuda da estroboscopia a laser, à formação e dissolução de ligações químicas em femtossegundos, ou observar, contraídos para alguns minutos por meio de uma simulação em computador, os 13 bilhões de anos de história do universo desde o Big Bang até o presente, ou (com uma compressão temporal ainda maior) o futuro projetado até o fim do tempo. Por meio desses instrumentos, temos condições de ampliar nossas percepções, acelerá-las ou desacelerá-las a um grau infinitamente superior àqueles com os quais qualquer processo vivo seria capaz de se equiparar. Desse modo, mesmo presos como estamos à nossa velocidade e ao nosso tempo, podemos, na imaginação, entrar em todas as velocidades e em todos os tempos.

SERES SENCIENTES: A VIDA MENTAL DE PLANTAS E MINHOCAS

O último livro de Charles Darwin, publicado em 1881, foi um estudo sobre a humilde minhoca. Seu tema principal, expresso no título da obra, *A formação do humo vegetal pela ação das minhocas*, era o imenso poder desses animais para, em números colossais e ao longo de milhões de anos, lavrar o solo e mudar a face da Terra.

Darwin calculou esse efeito:

> Tampouco devemos esquecer, considerando a força que as minhocas exercem ao triturar partículas de rocha, que há boas evidências de que, em cada acre de terra suficientemente úmido e não demasiado arenoso, cascalhento ou rochoso para minhocas habitarem, um peso de mais de dez toneladas de terra passa anualmente através do corpo delas e é levado para a superfície. O resultado não pode ser insignificante para um país do tamanho da Grã-Bretanha em um período não muito longo em termos geológicos como 1 milhão de anos.

Seus capítulos iniciais, porém, ele dedicou mais simplesmente aos "hábitos" das minhocas. Elas distinguem entre claro e escuro, e no período diurno geralmente se mantêm no subsolo, a salvo de predadores. Não possuem orelhas, porém, mesmo sendo surdas para vibrações aéreas, são extremamente sensíveis a vibrações conduzidas pelo solo, como as que são geradas pelos passos de um animal que se aproxima. Darwin observou que todas essas sensações são transmitidas a grupos de células nervosas (que ele chamou de "gânglios cerebrais") na cabeça da minhoca.

"Quando uma minhoca é iluminada de repente, corre para a toca como um coelho", Darwin escreveu. Ele observou que, de início, foi induzido a "ver essa ação como um reflexo", mas depois observou que esse comportamento podia ser modificado: por exemplo, se uma minhoca estivesse ocupada em alguma outra coisa, não apresentava a reação de retirar-se com uma exposição súbita à luz.

Para Darwin, a capacidade de modular respostas indicava "a presença de algum tipo de mente". Ele também escreveu sobre as "qualidades mentais" das minhocas em relação à obstrução de suas tocas, comentando que "se as minhocas são capazes de avaliar [...], quando arrastam um objeto para perto da entrada de sua toca, qual a melhor forma de trazê-lo para dentro, é porque elas devem adquirir alguma noção da forma geral desse objeto". Isso o levou a afirmar que as minhocas "merecem ser chamadas de inteligentes, pois agem então quase do mesmo modo que um homem em circunstâncias semelhantes".

Quando menino, eu brincava com as minhocas do nosso jardim (e mais tarde as usei em projetos de pesquisa), mas meu verdadeiro amor era a beira-mar, especialmente as piscinas residuais de maré, pois quase sempre passávamos as férias de verão no litoral. Esse sentimento lírico inicial pela beleza das criaturas marinhas simples tornou-se mais científico sob a influência de um professor de biologia na escola e das visitas anuais que fazíamos com ele à estação marinha de Millport, no sudoeste da Escócia, onde podíamos investigar a imensa variedade de animais invertebrados na costa de Cumbrae. Essas visitas a Millport me empolgavam tanto que pensei na possibilidade de me tornar biólogo marinho.

O livro de Darwin sobre as minhocas era um dos meus favoritos, junto com o de George John Romanes, *Jelly-Fish, Star-Fish, and Sea-Urchins: Being a Research on Primitive Nervous Systems* [*Medusas, estrelas-do-mar e ouriços-do-mar: Um estudo sobre sistemas nervosos primitivos*], escrito em 1885, que descrevia experimentos simples e fascinantes e continha lindas ilustrações. Romanes, jovem amigo e aluno de Darwin, demonstraria por toda a vida um interesse arrebatador pelo litoral e sua fauna, e seu objetivo maior era investigar o que via como manifestações comportamentais da "mente" dessas criaturas.

Encantei-me com o estilo pessoal de Romanes. (Ele escreveu que, durante seus estudos sobre a mente e o sistema nervoso de invertebrados, passava seus momentos mais felizes "em um laboratório montado na praia [...] uma oficinazinha de madeira bem organizada, que as brisas marinhas mantinham aberta".) Porém, claramente, no cerne dessa iniciativa de Romanes estava a tarefa de estabelecer a correlação entre o neural e o comportamental. Ele se referia ao seu trabalho como "psicologia comparativa" e o considerava análogo à anatomia comparativa.

Já em 1850 Louis Agassiz havia mostrado que as medusas *Bougainvillea* eram dotadas de um sistema nervoso substancial, e em 1883 Romanes identificou as células nervosas individuais desses animais (possuem aproximadamente mil). Com experimentos simples — cortar certos nervos, fazer incisões no sino ou examinar fatias de tecido isoladamente —, ele mostrou que a medusa empregava mecanismos locais autônomos (dependentes de "redes" nervosas) e também atividades coordenadas a partir de um centro através de seu "cérebro" circular localizado ao longo das margens do sino.

Em 1884, Romanes incluiu ilustrações de células nervosas individuais e de aglomerados de células nervosas, ou gânglios, em seu livro *Mental Evolution in Animals*. Ele escreveu:

> Em todo o reino animal, o tecido nervoso invariavelmente está presente em todas as espécies cuja posição zoológica não fica abaixo da dos hidrozoários. Até o presente, os animais mais inferiores em que ele foi detectado são as *Medusae*, ou medusas, e a partir delas sua ocorrência, como já mencionei, é invariável. Onde quer que ocorra, sua estrutura fundamental é bem semelhante, e assim, quando vemos o tecido nervoso de uma medusa, de uma ostra, um inseto, uma ave ou um homem, não temos dificuldade para reconhecer suas unidades estruturais como mais ou menos semelhantes em todos.

Na mesma época em que Romanes se dedicava à vivissecção de medusas e estrelas-do-mar em seu laboratório litorâneo, o jovem Sigmund Freud, já um darwiniano fervoroso, trabalhava no laboratório do fisiologista vienense Ernst Brücke. Seu objetivo principal era comparar as células nervosas de vertebrados e invertebrados, sobretudo as de um vertebrado muito primitivo (a lampreia *Petromyzon*), com as de um invertebrado (um lagostim). Embora na época muitos supusessem que os elementos nervosos do sistema nervoso dos invertebrados fossem radicalmente diferentes dos encontrados nos vertebrados, Freud conseguiu mostrar e ilustrar, com desenhos primorosos e meticulosos, que as células nervosas do lagostim eram basicamente semelhantes às da lampreia — e às dos seres humanos.

E ele percebeu, como ninguém antes, que o corpo da célula nervosa e seus processos — dendritos e axônios — constituíam as unidades básicas e sinalizadoras do sistema nervoso. (Erik Kandel, em seu livro *Em busca da memória*, sugere que, se Freud tivesse permanecido na pesquisa básica em vez de se decidir pela medicina, talvez hoje fosse conhecido como um "cofundador da doutrina neuronal, em vez de pai da psicanálise".)

Embora os neurônios possam diferir em forma e tamanho, eles são essencialmente iguais desde os animais mais primitivos até os mais avançados. A diferença está em seu número e organização: nós possuímos 100 bilhões de células nervosas, enquanto a medusa tem mil. No entanto, sua condição de células capazes de efetuar disparos rápidos e repetitivos é basicamente a mesma.

O papel crucial das sinapses — as junções entre os neurônios onde os impulsos nervosos são modulados, dando flexibilidade e todo um conjunto de comportamentos aos organismos — só veio a ser esclarecido no final do século XIX, pelo grande anatomista espanhol Santiago Ramón y Cajal, que examinou sistemas nervosos de muitos vertebrados e invertebrados, e por Charles Sherrington, na Inglaterra (foi Sherrington quem cunhou o termo "sinapse" e mostrou que as sinapses podiam ter função excitatória ou inibitória).

Apesar dos trabalhos de Agassiz e Romanes, nos anos 1880 predominava ainda a noção de que as medusas não passavam de massas de tentáculos que flutuavam passivamente, prontas para ferroar e ingerir o que quer que aparecesse em seu caminho: pouco mais do que uma espécie marinha de papa-moscas.

Acontece que as medusas não têm nada de passivas. Elas pulsam com ritmo, contraindo simultaneamente cada parte de seu sino, e isso requer um sistema central de marca-passo que desencadeie cada pulso. As medusas conseguem mudar de direção e profundidade, e muitas apresentam um comportamento de "pesca" que envolve virar de borco por um minuto, espalhar os tentáculos como uma rede e então endireitar-se novamente, o que elas fazem graças a oito órgãos de equilíbrio capazes de sentir a gravidade. (Quando eles são removidos, a medusa fica desorientada e não consegue mais controlar sua posição na água.) Quando é mordida por um peixe ou ameaçada de algum outro modo, a medusa tem uma estratégia para escapar: uma série de pulsações fortes e rápidas do sino que as projeta para longe do perigo; nessas ocasiões, são ativados neurônios especiais, de tamanho maior do que o normal (e, portanto, que respondem com mais rapidez).

Para os mergulhadores, especialmente interessantes e mal-afamadas são as cubomedusas (*Cubomedusae*), que estão entre os animais mais primitivos dotados de olhos formadores de imagens totalmente desenvolvidos, não muito diferentes dos nossos. O biólogo Tim Flannery escreveu sobre as cubomedusas: "Elas são caçadoras ativas de peixes de médio porte e crustáceos, e se deslocam a até seis metros por minuto. Também são as únicas medusas com olhos razoavelmente complexos, com retina, córnea e cristalino. E possuem cérebro capaz de aprender, memorizar e guiar comportamentos complexos".

Nós e todos os animais superiores temos simetria bilateral no corpo, com uma extremidade frontal (cabeça) dotada de cérebro e uma direção de movimento preferencial (para a frente). O sistema nervoso da medusa, assim como o próprio animal, tem simetria radial e pode parecer menos complexo do que um cérebro de mamífero, porém tem todo o direito de ser considerado um cérebro, pois gera comportamentos adaptativos complexos e coordena todos os mecanismos sensitivos e motores do animal. Se podemos ou não falar em "mente" nesse caso (como faz Darwin quando fala das minhocas) vai depender de como definimos "mente".

Todos nós distinguimos entre plantas e animais. Entendemos que as plantas em geral são imóveis, enraizadas na terra, abrem folhas verdes na direção do céu e se alimentam da luz solar e do solo. Entendemos que os animais, em contraste, são móveis, deslocam-se de um lugar para outro procurando alimento e apresentam vários tipos de comportamento facilmente reconhecíveis. Plantas e animais evoluíram por caminhos muito distintos (e os fungos por um caminho próprio), e diferem totalmente em suas formas e modos de vida.

Ainda assim, Darwin frisou que os animais e as plantas são mais próximos do que se poderia pensar. Essa noção foi corroborada pela demonstração de que plantas insetívoras usavam correntes elétricas para mover-se, como faziam os animais — havia a "eletricidade vegetal", assim como a "eletricidade animal". Mas a "eletricidade vegetal" move-se devagar, uns dois centímetros e meio por segundo, como observamos nos folíolos da planta sensitiva (*Mimosa pudica*), que se fecham um a um ao longo de uma folha se ela for tocada. A "eletricidade animal", conduzida por nervos, move-se aproximadamente mil vezes mais rápido.*

A sinalização entre células depende de mudanças eletroquímicas, do fluxo de átomos eletricamente carregados que entram e saem das células através de poros ou "canais" moleculares especiais, altamente seletivos. Esses fluxos de íons causam correntes elétricas, impulsos — potenciais de ação — que são transmitidos (de modo direto ou indireto) de uma célula a outra, tanto nas plantas como nos animais.

Em grande medida, as plantas dependem de canais iônicos de cálcio, perfeitamente adequados à relativamente lenta vida vegetal. Como Daniel Chamovitz explica em seu livro *What a Plant Knows*, as plantas são capazes de registrar o que chamaríamos de imagens, sons, sinais táteis e muito mais. As plantas

---

* Em 1852, Hermann von Helmholtz conseguiu medir a velocidade da condução nervosa: 2,44 metros por segundo. Se acelerarmos em mil vezes um filme em *time-lapse* dos movimentos de uma planta, os comportamentos dela começam a se parecer com comportamentos animais e podem até parecer "intencionais".

"sabem" o que fazer e se "lembram". Porém, sendo desprovidas de neurônios, elas não aprendem do mesmo modo que os animais: dependem de um vasto arsenal de diferentes substâncias químicas e do que Darwin denominava "artifícios". As receitas de tudo isso têm de estar codificadas no genoma da planta; de fato, os genomas das plantas costumam ser maiores do que o nosso.

Os canais iônicos de cálcio usados pelas plantas não sustentam sinais rápidos ou repetitivos entre células; quando é gerado um potencial de ação em uma planta, ele não pode ser repetido a uma velocidade alta que permita, por exemplo, a mesma rapidez com que uma minhoca "corre para a toca". A velocidade requer íons e canais iônicos capazes de abrir e fechar em milésimos de segundo, permitindo que centenas de potenciais de ação sejam gerados em um segundo. Nesse caso, os íons mágicos são o sódio e o potássio, que permitiram o desenvolvimento de células musculares, células nervosas e neuromodulação em sinapses com reação rápida. Isso possibilitou que os organismos adquirissem a capacidade de aprender, beneficiar-se da experiência, julgar e, por fim, pensar.

Essa nova forma de vida, a vida animal, surgida talvez há 600 milhões de anos, trouxe grandes vantagens e transformou rapidamente as populações. Na chamada explosão do Cambriano (datada com notável precisão em 542 milhões de anos atrás), uma dúzia ou mais de novos filos, cada um com seu plano corporal distinto, surgiu no espaço de 1 milhão de anos ou menos — um piscar de olhos geológico. Os antes tranquilos mares pré-cambrianos transformaram-se em uma selva de caçadores e caçados, dotados de mobilidade recém-adquirida. E embora alguns animais (como as esponjas) perdessem suas células nervosas e regredissem para uma vida vegetativa, outros, especialmente os predadores, adquiriram pela evolução órgãos dos sentidos, memória e mente cada vez mais refinados.

É fascinante pensar em Darwin, Romanes e outros biólogos de sua época buscando "mente", "processos mentais", "inteligência" e inclusive "consciência" em animais primitivos como medusas e até protozoários. Algumas décadas mais tarde, o behaviorismo radical passaria a dominar a cena, negando realidade a tudo o que não fosse objetivamente demonstrável, e negando, em especial, quaisquer processos internos *entre* estímulo e resposta, considerados irrelevantes ou pelo menos fora do alcance do estudo científico.

Essa restrição ou redução realmente facilitava os estudos sobre estimulação e resposta, com ou sem "condicionamento", e foram os célebres estudos de Pavlov sobre cães que formalizaram — como "sensibilização" e "habituação" — o que Darwin havia observado nas minhocas.*

Konrad Lorenz escreveu em *Os fundamentos da Etologia*: "Uma minhoca [que] escapou de ser comida por um melro fará bem se responder com um limiar consideravelmente mais baixo a estímulo semelhante, pois é quase certo que o pássaro ainda estará por perto nos próximos segundos". Essa redução de limiar, ou sensibilização, é uma forma elementar de aprendizado, embora relativamente efêmera e não associativa. De modo correspondente, uma diminuição da resposta, ou habituação, ocorre na presença de estímulos repetidos, mas insignificantes: algo a ser desconsiderado.

Poucos anos após a morte de Darwin, ficou demonstrado que até organismos unicelulares como os protozoários podiam apresentar um conjunto de respostas adaptativas. Em particular, Herbert Spencer Jennings mostrou que o minúsculo organismo unicelular *Stentor*, uma criaturinha afilada em feitio de trombeta, emprega um repertório de no mínimo cinco respostas diferentes quando é tocado, antes de finalmente desprender-se para ir procurar outro lugar caso essas respostas básicas tenham sido ineficazes. Porém, se ele for tocado novamente, deixará de lado os passos intermediários e partirá direto para outro lugar: tornou-se

---

* Pavlov usou cães em seus famosos experimentos sobre reflexos condicionados, e o estímulo condicionador geralmente era uma campainha, que os cães aprenderam a associar a comida. Porém, numa ocasião, em 1924, houve uma inundação no laboratório, e os cães quase se afogaram. Depois disso, pelo resto da vida, muitos dos cães ficavam sensibilizados — e até apavorados — quando viam água. A sensibilização extrema ou duradoura fundamenta o transtorno de estresse pós-traumático em cães e em seres humanos.

sensibilizado a estímulos danosos ou, em termos mais conhecidos, ele "se lembra" de sua experiência desagradável e aprendeu com ela (apesar de a memória durar apenas alguns minutos). Se, inversamente, o *Stentor* for exposto a uma série de toques muito leves, logo deixará de responder a eles: foi habituado.

Jennings descreveu seu trabalho com sensibilização e habituação em organismos como o *Paramecium* e o *Stentor* em seu livro *Behavior of the Lower Organisms*, publicado em 1906. Embora tivesse o cuidado de evitar qualquer linguagem subjetiva ou mentalista em sua descrição dos comportamentos de protozoários, ele incluiu um capítulo espantoso no fim do livro sobre a relação de comportamentos observáveis e "mente".

Em sua opinião, nós, humanos, relutamos em atribuir qualidades mentais a protozoários porque eles são muito pequenos:

> O autor está plenamente convencido, depois de longo estudo do comportamento desse organismo, de que, se a *Amoeba* fosse um animal grande, encontrado no cotidiano pelos seres humanos, seu comportamento imediatamente clamaria pela atribuição de estados de prazer e dor, fome, desejo e coisas do gênero, exatamente na mesma base em que os atribuímos aos cães.

A visão de Jennings da *Amoeba* altamente sensitiva do tamanho de um cachorro é quase caricaturesca em contraste com a noção de Descartes de que os cães eram tão desprovidos de sentimentos que se podia praticar a vivissecção nesses animais sem remorso, pois seus gritos seriam puramente reações "reflexas" de um tipo quase mecânico.

A sensibilização e a habituação são cruciais para a sobrevivência de todos os organismos vivos. Essas formas elementares de aprendizado são efêmeras — duram no máximo alguns minutos — em protozoários e plantas; formas mais longevas requerem um sistema nervoso.

Enquanto os estudos behavioristas floresciam, quase não se dava atenção à base celular do comportamento: o papel exato das células nervosas e suas sinapses. Havia dificuldades técnicas quase insuperáveis para estudar mamíferos — envolvendo, por exemplo, os sistemas hipocampais ou de memória em ratos — devido ao tamanho minúsculo e à densidade extrema dos neurônios (além disso, mesmo quando era possível registrar a atividade elétrica de uma única célula, era difícil mantê-la viva e funcionando plenamente por toda a duração dos demorados experimentos).

Devido a esses tipos de dificuldade em seus estudos anatômicos no começo do século XX, Ramón y Cajal — o primeiro grande microanatomista do sistema nervoso — passou a investigar sistemas mais simples: os de animais jovens ou fetais e os de invertebrados (insetos, crustáceos, cefalópodes e outros). Por motivos semelhantes, Erik Kandel, quando iniciou um estudo da base celular da memória e aprendizado nos anos 1960, procurou um animal dotado de um sistema nervoso mais simples e acessível. Escolheu a lesma-do-mar gigante *Aplysia,* que possui cerca de 20 mil neurônios, distribuídos por uns dez gânglios de aproximadamente 2 mil neurônios cada um. Além disso, a *Aplysia* tem neurônios particularmente grandes, alguns até visíveis a olho nu, ligados uns aos outros em circuitos anatômicos fixos.

Kandel não se desencorajou com o fato de a *Aplysia* poder ser considerada uma forma de vida muito inferior para estudos da memória, apesar do ceticismo de alguns colegas — Darwin também não se constrangera em falar de "qualidades mentais" em minhocas. "Eu estava começando a pensar como um biólogo", Kandel escreveu, recordando sua decisão de estudar a *Aplysia*. "Entendi que todos os animais têm alguma forma de vida mental que reflete a arquitetura de seu sistema nervoso."

Se Darwin havia observado um reflexo de fuga em minhocas e concluído que ele podia ser facilitado ou inibido dependendo das circunstâncias, Kandel observou que a *Aplysia* apresentava um reflexo protetor, o de retrair a guelra exposta para deixá-la em segurança, e também uma modulação dessa reação. Ele registrou (e, às vezes, estimulou) a atividade das células nervosas e sinapses no gânglio abdominal que governava essas respostas, e conseguiu demonstrar que a memória e o aprendizado de relativamente curto prazo relacionados à habituação e à sensibilização dependiam de mudanças funcionais em sinapses — mas a memória de mais longo prazo, que podia durar vários meses, associava-se a mudanças estruturais nas sinapses (em nenhum dos casos ocorria mudança nos circuitos propriamente ditos).

Quando surgiram novas tecnologias e conceitos nos anos 1970, Kandel e seus colegas puderam complementar esses estudos eletrofisiológicos da memória e aprendizado com estudos químicos: "Queríamos entender a biologia molecular de um processo mental, saber exatamente quais moléculas eram responsáveis pela memória de curto prazo". Isso requereu especialmente estudos dos canais iônicos e dos neurotransmissores envolvidos em funções sinápticas — um trabalho monumental que trouxe o prêmio Nobel a Kandel.

Enquanto a *Aplysia* possui apenas 20 mil neurônios distribuídos em gânglios por todo o corpo, um inseto pode ter até 1 milhão de células nervosas e, apesar de seu tamanho minúsculo, ser capaz de proezas cognitivas extraordinárias. As abelhas, por exemplo, são especialistas em reconhecer não só as cores, odores e formas geométricas apresentadas em laboratório, como também as transformações sistemáticas dessas características. E, naturalmente, elas demonstram uma habilidade extraordinária na natureza ou no jardim, onde, além de reconhecerem os padrões e odores das flores, também se recordam de suas localizações e as comunicam a outras abelhas.

Demonstrou-se que, em uma espécie acentuadamente social da vespa-de-papel, os indivíduos são capazes de aprender e reconhecer a face de outras vespas. Até então, esse aprendizado de faces só tinha sido descrito em mamíferos; é fascinante que uma capacidade cognitiva tão específica também esteja presente em insetos.

Geralmente pensamos nos insetos como pequenos autômatos, robôs com tudo inato e programado. No entanto, é cada vez mais evidente que insetos lembram-se, aprendem, pensam e se comunicam de modos bem complexos e inesperados. Sem dúvida grande parte disso é inato, mas uma boa parte também depende da experiência individual.

Seja qual for o caso para os insetos, a situação é totalmente diferente para os gênios dos invertebrados: os cefalópodes, a classe dos polvos, sibas e lulas. Para começar, o sistema nervoso desses invertebrados é muito maior: um polvo pode ter meio bilhão de células nervosas distribuídas entre o cérebro e os "braços" (em comparação, um camundongo possui apenas entre 75 e 100 milhões). O cérebro do polvo apresenta um grau de organização notável, com dezenas de lobos funcionalmente distintos e semelhanças com os sistemas de aprendizado e a memória dos mamíferos.

Os cefalópodes não só podem ser facilmente treinados para discriminar formas e objetos em testes, mas alguns até conseguem aprender por observação, uma capacidade também acessível apenas a certas aves e mamíferos. Os cefalópodes possuem notável poder de camuflagem e sinalizam emoções complexas e intenções mudando as cores, padrões e texturas de sua pele.

Em *A viagem do Beagle,* Darwin mencionou que, em uma poça de maré, um polvo pareceu interagir com ele, mostrando-se ora cauteloso, ora curioso e até brincalhão. Os polvos podem ser domesticados em certo grau, e muitos de seus cuidadores sentem empatia com eles, algum tipo de proximidade mental e emocional. Podemos debater se é certo ou não usar a palavra "consciência" quando se trata dos cefalópodes. Mas, se alguém admitir que é possível que um cão tenha algum tipo significativo e individual de consciência, terá de admitir que os cefalópodes também têm.

A natureza empregou no mínimo dois modos de construir um cérebro — na verdade, existem quase tantos modos quanto existem filos no reino animal. A mente, em vários graus, surgiu ou é inerente a todos eles, apesar do profundo abismo biológico que os separa uns dos outros e que nos separa deles.

O OUTRO CAMINHO: FREUD NEUROLOGISTA

É exigir deveras da unidade da personalidade tentar identificar-me com o autor do artigo sobre os gânglios espinhais dos petromizontes. No entanto, eu tenho de ser ele, e acho que fiquei mais feliz com essa descoberta do que com outras desde então.

Sigmund Freud a Karl Abraham,
21 de setembro de 1924

Todos conhecem Freud como o pai da psicanálise, mas relativamente poucos sabem sobre o período de vinte anos (de 1876 a 1896) em que ele foi principalmente neurologista e anatomista; o próprio Freud raramente se referiu mais tarde a essa fase prévia de sua vida científica. No entanto, sua vida neurológica foi a precursora da psicanalítica, e talvez essencial a ela.

A paixão duradoura do jovem Freud por Darwin (e pela "Ode à Natureza" de Goethe) levou-o a estudar medicina, como ele nos conta na autobiografia. No primeiro ano de universidade, ele cursou disciplinas sobre "biologia e darwinismo" e assistiu a aulas do fisiologista Ernst Brücke. Dois anos mais tarde, ansioso para se dedicar ativamente à pesquisa, Freud pediu a Brücke um cargo em seu laboratório. Freud já então supunha que o cérebro e a mente dos seres humanos poderiam ser os alvos finais de seus estudos, ele escreveu depois, mas sentia grande curiosidade pelas formas primitivas e origens dos sistemas nervosos, e queria primeiro entender um pouco sobre sua evolução.

Brücke sugeriu a Freud que estudasse o sistema nervoso de um peixe muito primitivo — *Petromyzon*, ou lampreia — e, em especial, as curiosas células de "Reissner" que se agrupavam na medula espinhal. Essas células chamavam a atenção desde os tempos de estudante de Brücke, quarenta anos antes, mas sua natureza e função ainda eram desconhecidas. O jovem Freud conseguiu detectar as precursoras dessas células na singular forma larval das lampreias e demonstrar que eram homólogas às células ganglionares espinhais surgidas posteriormente em peixes superiores — uma descoberta significativa. (A larva do *Petromyzon* é tão diferente da forma madura que, por muito tempo, foi considerada um gênero diferente, *Ammocoetes*.) Freud passou então a estudar o sistema nervoso de um invertebrado, o lagostim. Na época, supunha-se que os "elementos" nervosos dos sistemas nervosos de invertebrados diferissem radicalmente dos encontrados nos vertebrados, mas Freud conseguiu mostrar que, na verdade, eles eram morfologicamente idênticos: não eram os elementos celulares que diferiam entre os animais primitivos e avançados, e sim a sua organização. Assim, até nos primeiros estudos de Freud surgiu uma noção de evolução darwiniana pela qual, com os meios mais conservadores (isto é, os mesmos elementos celulares anatômicos básicos), era possível construir sistemas nervosos cada vez mais complexos.*

Era natural que, no começo dos anos 1880, agora em posse de seu diploma em medicina, Freud enveredasse pela neurologia clínica, mas para ele era igualmente crucial continuar seus estudos de anatomia, examinando sistemas nervosos humanos, o que fez no laboratório do neuroanatomista e psiquiatra Theodor Meynert.** Para Meynert (assim como para Paul Emil Flechsig e

---

* Na época predominava a ideia de que o sistema nervoso era um sincício, uma massa contínua de tecido nervoso, e só em fins dos anos 1880 e nos anos 1890, graças ao trabalho de Ramón y Cajal e Waldeyer, percebeu-se que existiam células nervosas individuais — os neurônios. Freud, porém, chegou muito perto de fazer essa descoberta em seus primeiros estudos.

** Freud publicou alguns estudos de neuroanatomia enquanto trabalhava no laboratório de Meynert, enfocando sobretudo os tratos e conexões do tronco cerebral. Muitas vezes, ele se referiu a esses estudos anatômicos como seu "verdadeiro" trabalho científico e, posteriormente, pensou em escrever um texto geral sobre a anatomia cerebral, mas não chegou a concluir a obra, da qual apenas uma versão condensada foi publicada no *Handbuch* de Villaret.

outros neuroanatomistas da época), essa conjunção não parecia estranha. Supunha-se que havia uma relação simples, quase mecânica, entre mente e cérebro, na saúde e na doença; por isso, a obra-prima de Meynert, intitulada *Psiquiatria* e publicada em 1884, ganhou o subtítulo *Um tratado clínico sobre doenças do prosencéfalo*.

Embora a frenologia já tivesse caído em descrédito, o impulso localizacionista ganhara vida nova em 1861, quando o neurologista francês Paul Broca demonstrou que uma perda de função muito específica — a perda da linguagem expressiva, chamada afasia expressiva — decorria de uma lesão em uma parte específica do lado esquerdo do cérebro. Outras correlações foram estabelecidas logo em seguida, e em meados dos anos 1880 parecia que algo semelhante ao sonho frenológico estava prestes a realizar-se, com descrições de "centros" para linguagem expressiva, linguagem receptiva, percepção de cores, escrita e muitas outras capacidades específicas. Meynert deleitava-se nessa atmosfera localizacionista — ele mesmo, depois de mostrar que os nervos auditivos projetavam-se em uma área distinta do córtex cerebral (o *Klangfeld,* ou campo sonoro), postulou que o dano a essa área estava presente em todos os casos de afasia sensorial.

Acontece que Freud estava incomodado com essa teoria da localização e, em um nível mais profundo, também muito insatisfeito, pois começava a achar que todo localizacionismo tinha uma qualidade mecânica, já que tratava o cérebro e o sistema nervoso como uma espécie de máquina engenhosa mas idiota, com uma correlação biunívoca entre os componentes e funções elementares, negando-lhe organização, evolução ou história.

Durante esse período (de 1882 a 1885), ele trabalhou nas enfermarias do Hospital Geral de Viena, onde aprimorou suas habilidades de observador clínico e neurologista. Seus talentos narrativos acentuados e sua noção da importância de uma ficha clínica detalhada evidenciam-se nos artigos sobre patologia clínica que ele escreveu na época: o caso de um menino que morreu de hemorragia cerebral associada a escorbuto, o de um aprendiz de padeiro de dezoito anos com neurite aguda múltipla, o de um homem de 36 anos com uma rara doença na espinha, siringomielia, que perdeu as sensações de dor e temperatura, mas não o tato (uma dissociação causada por uma destruição muito circunscrita na medula espinhal).

Em 1886, depois de passar quatro meses com o grande neurologista Jean-Martin Charcot em Paris, Freud retornou a Viena e abriu seu consultório como neurologista. Não é fácil reconstruir — com base nas cartas de Freud ou nos numerosos estudos e biografias sobre ele — exatamente o que ele entendia como "vida neurológica". Ele atendia pacientes em seu consultório na rua Berggasse n. 19, presumivelmente pacientes que sofriam de males variados, como os que procuravam os neurologistas naquela época e hoje: alguns com problemas neurológicos mais comuns como derrames, tremores, neuropatias, convulsões ou enxaquecas; e outros com problemas funcionais como histerias, transtornos obsessivo-compulsivos ou neuroses diversas.

Ele também trabalhou no Instituto de Doenças Infantis, onde atendia como neurologista várias vezes por semana. (Sua experiência clínica nessa função ensejou os livros que o tornaram célebre entre seus contemporâneos: suas três monografias sobre paralisias cerebrais infantis. Eram obras muito respeitadas pelos neurologistas contemporâneos e ainda hoje ocasionalmente são citadas.)

Enquanto Freud atendia seus pacientes neurológicos, sua curiosidade, imaginação e talento como teórico aguçavam-se e passavam a exigir tarefas e desafios intelectuais mais complexos. Suas primeiras investigações neurológicas, durante os anos em que ele trabalhou no Hospital Geral de Viena, tinham sido do tipo mais convencional, mas agora, estudando a questão muito mais complexa das afasias, ele se convenceu de que era preciso uma visão diferente sobre o cérebro. Uma visão mais dinâmica do cérebro estava se apossando dele.

Seria interessantíssimo saber exatamente como e quando Freud descobriu o trabalho do neurologista inglês Hughlings Jackson, que, com grande discrição, obstinação e persistência, estava elaborando uma visão evolucionária do sistema nervoso, impassível diante do frenesi localizacionista à sua volta. Jackson, vinte anos mais velho do que Freud, fora levado para a visão evolucionária da natureza pela publicação de *A origem das espécies* de Darwin e pela filosofia evolucionária de Spencer. No começo dos anos 1870, Jackson propôs uma visão hierárquica do sistema nervoso, descrevendo como ele poderia ter evoluído desde os níveis de reflexos mais primitivos, passando por uma série de níveis progressivamente superiores, até a consciência e a ação voluntária. Na doença essa sequência revertia-se, Jackson supôs, ocorrendo uma involução ou regressão e, com ela, a "liberação" de funções primitivas normalmente refreadas pelas funções superiores.

Embora as ideias de Jackson houvessem surgido inicialmente em relação a certas convulsões epilépticas (ainda nos referimos a elas como convulsões "jacksonianas"), aplicavam-se então a várias doenças neurológicas, e também aos sonhos, delírios e insanidades; em 1879 Jackson aplicou-as ao problema da afasia, que por muito tempo vinha fascinando os neurologistas interessados na função cognitiva superior.

Em sua monografia *Afasia,* publicada doze anos depois, em 1891, Freud reconheceu repetidamente sua dívida com Jackson. Examinou em detalhes muitos dos fenômenos especiais que são vistos em afasias: a perda de novas línguas enquanto a língua materna é preservada, a preservação de palavras e associações mais comumente empregadas, a retenção de séries de palavras (dias da semana, por exemplo) mais do que de palavras isoladas, as parafasias ou substituições verbais que podem ocorrer. Acima de tudo, intrigavam-no as frases estereotipadas, aparentemente sem sentido, que às vezes são o único resíduo de fala e que às vezes são, como Jackson salientou, as últimas falas do paciente antes de um derrame. Para Freud, assim como para Jackson, isso representava a "fixação" traumática (e, a partir de então, a repetição inescapável) de uma proposição ou ideia, uma noção que viria a ter importância crucial em sua teoria das neuroses.

Além disso, Freud observou que muitos sintomas de afasia pareciam ter em comum associações de um tipo mais psicológico do que fisiológico. Erros verbais em afasias podem surgir de associações verbais, com palavras de som ou significados semelhantes que tendem a ser usadas no lugar da palavra correta. No entanto, às vezes, a substituição era de natureza mais complexa, não compreensível como um homófono ou sinônimo, e sim derivada de alguma associação particular que fora forjada no passado do indivíduo. (Aqui já se insinuavam ideias posteriores de Freud, expostas em *Psicopatologia da vida cotidiana,* sobre a possibilidade de interpretar as parafasias e parapraxias como dotadas de significados históricos e pessoais.) Freud ressaltou a necessidade de analisar a natureza das palavras e suas associações (formais ou pessoais) com os universos da linguagem e da psicologia, com o universo do significado, para entendermos as parafasias.

Ele estava convencido de que as manifestações complexas de afasia eram incompatíveis com noções simplistas de imagens de palavras alojadas nas células de um "centro", como escreveu em *Afasia:*

> Evoluiu a teoria de que o aparelho de linguagem consiste em centros corticais distintos; suas células supostamente conteriam as imagens das palavras (conceitos de palavras ou impressões de palavras); esses centros seriam separados por território cortical sem função e ligados uns aos outros pelos tratos de associação. Podemos, antes de tudo, questionar se essa suposição é correta, ou mesmo permissível. A meu ver, não é.

Em vez de centros — depósitos estáticos de palavras ou imagens — Freud escreveu que devemos pensar em "campos corticais", grandes áreas de córtex dotadas de diversas funções, algumas das quais facilitadoras, outras inibidoras para as demais. Ele disse que não seria possível compreender os fenômenos da afasia sem raciocinar nesses termos dinâmicos, jacksonianos. Além disso, esses sistemas não estavam todos no mesmo "nível". Hughlings Jackson imaginara uma organização estruturada verticalmente no cérebro, com representações ou incorporações repetidas em muitos níveis hierárquicos; por exemplo, quando a fala proposicional do nível superior se tornasse impossível, ainda poderiam ocorrer "regressões" características da afasia, o surgimento (às vezes explosivo) da fala primitiva, emocional. Freud foi um dos primeiros a trazer essa noção jacksoniana da regressão para a neurologia e importá-la para a psiquiatria; de fato, temos a impressão de que o uso do conceito de regressão por Freud em *Afasia* abriu caminho para que ele o usasse de modo muito mais amplo e incisivo em psiquiatria. (Ficamos imaginando como Hughlings Jackson pode ter visto essa vasta e surpreendente expansão de sua ideia, mas, embora ele tenha vivido até 1911, não sabemos se chegou a ouvir falar em Freud.)*

Freud foi além de Jackson quando indicou que não existiam centros ou funções isoláveis e autônomos no cérebro, e sim *sistemas* para realizar objetivos cognitivos: sistemas que eram dotados de muitos componentes e podiam ser criados ou acentuadamente modificados pelas experiências do indivíduo. Considerando, por exemplo, que a alfabetização não era inata, ele achava que não era útil pensar em um "centro" para a escrita (como postulara seu amigo e ex-colega Sigmund Exner); em vez disso, era preciso pensar em um sistema ou em sistemas que eram construídos no cérebro como resultado de aprendizado (essa foi uma notável antecipação da noção de "sistemas funcionais" apresentada cinquenta anos mais tarde por A. R. Luria, o fundador da neuropsicologia).

Em *Afasia,* além dessas considerações empíricas e evolu-

---

* Do mesmo modo que houve um estranho silêncio ou cegueira com relação ao trabalho de Hughlings Jackson (sua coletânea *Selected Writings* só foi publicada como livro em 1931-2), também houve descaso com o livro de Freud sobre afasia. Mais ou menos ignorado na época de sua publicação, *Afasia* permaneceu praticamente desconhecido e indisponível por muitos anos — não é mencionado sequer na grande monografia de Henry Head sobre afasia, publicada em 1926 — e só foi traduzido para o inglês em 1953. O próprio Freud referiu-se a *Afasia* como "um fiasco respeitável" e contrastou o livro com a recepção de seu texto mais convencional sobre paralisias cerebrais na infância: "É um tanto cômica a incongruência entre a avaliação de uma obra por seu autor e por terceiros. Por exemplo, meu livro sobre diplegias, que escrevi quase despreocupadamente, com interesse e esforço mínimos, foi um grande sucesso. [...] No entanto, para o que realmente é bom, como o *Afasia*, o *Ideias obsessivas*, em vias de ser publicado, e a etiologia e teoria das neuroses, que está a caminho, não posso esperar mais do que um fiasco respeitável".

cionárias, Freud deu grande ênfase a considerações epistemológicas — a confusão de categorias, como ele pensava, a promíscua mistura do físico com o mental:

> A relação entre a cadeia de eventos fisiológicos no sistema nervoso e os processos mentais provavelmente não é de causa e efeito. Os primeiros não cessam ao começarem os segundos [...], porém, a partir de certo momento, um fenômeno mental corresponde a cada parte da cadeia ou a várias partes. Portanto, o psíquico é um processo paralelo ao fisiológico, um "concomitante dependente".

Nesse aspecto, Freud endossou e elaborou as ideias de Jackson. "Não me preocupa o modo da conexão entre mente e matéria. É suficiente supor um paralelismo", Jackson escrevera. Os processos psicológicos têm suas próprias leis, princípios, autonomias, coerências, os quais devem ser examinados independentemente, não importa quais processos fisiológicos possam estar ocorrendo ao mesmo tempo. A epistemologia do paralelismo ou concomitância postulada por Jackson deu a Freud grande liberdade para prestar atenção nos fenômenos em detalhes sem precedentes, para teorizar, buscar uma compreensão puramente psicológica sem uma necessidade prematura de correlacioná-los com processos fisiológicos (embora ele nunca duvidasse de que esses processos concomitantes tinham de existir).

Conforme evoluíram as ideias de Freud sobre a afasia, passando do modo de pensar baseado em um centro ou lesão para uma concepção dinâmica do cérebro, houve um movimento análogo em suas ideias sobre histeria. Charcot estava convencido (e inicialmente convencera Freud) de que, embora não fosse possível demonstrar nenhuma lesão anatômica em pacientes com paralisias *histéricas,* ainda assim devia haver uma "lesão fisiológica" (um *état dynamique*) localizada na mesma parte do cérebro onde, em uma paralisia *neurológica* estabelecida, seria encontrada uma lesão anatômica (um *état statique*). Portanto, na concepção de Charcot, as paralisias histéricas eram fisiologicamente idênticas às orgânicas, e a histeria podia ser vista, na essência, como um problema neurológico, uma reatividade especial de certos indivíduos patologicamente sensíveis ou "neuropatas".

Para Freud, ainda saturado de pensamento anatômico e neurológico e enfeitiçado pelas ideias de Charcot, isso pareceu totalmente aceitável. Era dificílimo "desneurologizar" seu modo de pensar, mesmo nessa nova esfera onde o desconhecimento era tão grande. Porém, passado um ano, ele já não estava tão certo. Toda a classe dos neurologistas debatia a questão de a hipnose ser física ou mental. Em 1889, Freud fez uma visita a Hippolyte Bernheim, contemporâneo de Charcot, em Nancy — Bernheim propusera uma origem psicológica para a hipnose e acreditava que os resultados podiam ser explicados apenas com base em ideias ou sugestão. Isso parece ter influenciado Freud profundamente. Ele começara a afastar-se da noção de Charcot sobre uma lesão circunscrita (se fisiológica) na paralisia histérica, em direção a uma noção mais complexa de mudanças fisiológicas distribuídas por várias partes do sistema nervoso, uma visão condizente com as percepções surgidas em *Afasia*.

Charcot sugerira a Freud que tentasse esclarecer a controvérsia fazendo um exame comparativo das paralisias orgânicas e histéricas.* Freud estava bem equipado para essa tarefa, pois, ao voltar para Viena e abrir seu consultório, ele começara a atender alguns pacientes com paralisias histéricas e, naturalmente, também muitos pacientes com paralisias orgânicas, e já procurava elucidar seus mecanismos.

Em 1893 ele já se afastara totalmente das explicações orgâ-

---

* Sugeriu-se o mesmo problema a Joseph Babinski, outro jovem neurologista frequentador das aulas de Charcot (e que mais tarde se tornaria um dos mais famosos neurologistas da França). Embora Babinski concordasse com Freud quanto à distinção entre paralisias orgânicas e histéricas, posteriormente ele supôs, depois de examinar soldados feridos na Primeira Guerra Mundial, que havia um "terceiro reino": paralisias, anestesias e outros problemas neurológicos que não tinham por base lesões anatômicas localizadas nem "ideias", e sim amplos "campos" de inibições sinápticas na medula espinhal e em outras partes. Babinski referiu-se, nesse contexto, à "síndrome fisiopática". Essas síndromes, que podem decorrer de grandes traumas físicos ou procedimentos cirúrgicos, intrigam os neurologistas desde que Silas Weir Mitchell as descreveu pela primeira vez na Guerra de Secessão americana, pois elas podem incapacitar áreas difusas do corpo que não possuem inervação específica nem significância afetiva.

nicas para a histeria: "A lesão em paralisias histéricas tem de ser completamente independente do sistema nervoso, pois, em suas paralisias e outras manifestações, a histeria comporta-se como se a anatomia não existisse ou como se não tomasse conhecimento dela".

Esse foi o momento da passagem, da transição, quando (em certo sentido) Freud deixou de lado a neurologia e as ideias de uma base neurológica ou fisiológica para os estados psiquiátricos e passou a ver esses estados como dotados de causas próprias. Ele ainda faria uma última tentativa teórica de delinear a base neural de estados mentais em seu *Projeto para uma psicologia científica*, e nunca desistiu da noção de que, em última análise, tinha de existir um "alicerce" biológico para todas as condições e teorias psicológicas. Mas, para fins práticos, ele achava que podia e devia deixar isso de lado por algum tempo.

Embora Freud se afastasse cada vez mais de seu trabalho psiquiátrico em fins dos anos 1880 e nos anos 1890, continuou a escrever alguns artigos sobre seu trabalho neurológico. Em 1888 ele publicou a primeira descrição de hemianopsia em crianças, e em 1895 escreveu um artigo sobre uma rara neuropatia de compressão (meralgia parestésica), da qual ele próprio sofria e que ele havia observado em vários de seus pacientes. Freud também sofria de enxaqueca clássica e atendia muitos pacientes com essa condição em seu consultório de neurologista. Ao que parece, ele até chegou a pensar em escrever um breve livro sobre o tema, mas por fim limitou-se a redigir um resumo de dez "Pontos estabelecidos" e enviá-lo a seu amigo Wilhelm Fliess em abril de 1895. Esse resumo tem um teor acentuadamente fisiológico, quantitativo, "uma economia de força nervosa", prenunciando o extraordinário surto de pensamentos e textos que estava por acontecer ainda naquele ano.

É curioso e intrigante que, até mesmo em figuras como Freud, que publicaram tantas obras, as ideias mais sugestivas e prescientes possam aparecer somente ao longo de suas cartas e diários particulares. O período mais produtivo da vida de Freud para essas ideias foi em meados dos anos 1890, quando ele compartilhou unicamente com Fliess os pensamentos que andava incubando. Em fins de 1895, Freud lançou-se em uma ambiciosa tentativa de reunir todas as suas observações e intuições psicológicas e alicerçá-las em uma fisiologia plausível. A essa altura, suas cartas para Fliess são exuberantes, quase extasiadas:

> Uma noite da semana passada, quando eu estava trabalhando arduamente [...], as barreiras se ergueram de repente, o véu foi removido, e tive uma visão clara desde os detalhes das neuroses até as condições que tornam a consciência possível. Tudo pareceu ligar-se, o todo funcionou bem em conjunto, e tive a impressão de que a Coisa agora era de fato uma máquina e logo funcionaria por conta própria. [...] Naturalmente, não sei como me conter de tanta alegria.

No entanto, essa visão na qual tudo pareceu ligar-se, essa visão de um modelo de trabalho completo para o cérebro e a mente que surgiu para Freud com uma lucidez quase reveladora, não é fácil de entender agora (aliás, o próprio Freud escreveu, apenas alguns meses depois: "Já não compreendo o estado mental em que desovei o *Psicologia*").*

Muito já se debateu a respeito desse *Projeto para uma psicologia científica*, como o texto hoje é chamado (o título provisório de Freud fora *Uma psicologia para neurologistas*). O *Projeto* é de leitura difícil, em parte devido à sua complexidade intrínseca e à originalidade de muitos de seus conceitos, em parte porque Freud usa termos obsoletos e, às vezes, idiossincráticos que precisamos traduzir para termos mais conhecidos, fora que foi escrito a um ritmo vertiginoso com uma espécie de taquigrafia e talvez não se destinasse a ser lido por outras pessoas.

No entanto, o *Projeto* realmente junta — ou tenta juntar — as esferas da memória, atenção, consciência, percepção, desejos, sonhos, sexualidade, defesa, repressão e processos de pensa-

* Freud nunca pegou de volta o manuscrito que mandou para Fliess, e o texto presumivelmente ficou perdido até os anos 1950, quando foi encontrado e publicado — embora só tenha sido encontrado um fragmento dos muitos rascunhos que Freud redigiu em fins de 1895.

mento primários e secundários (como ele os chamava) em uma única visão coerente da mente, e alicerça todos esses processos em uma estrutura fisiológica básica, constituída por diversos sistemas de neurônios, suas interações e "barreiras de contato" modificáveis, e estados de excitação neural livres e limitados.

Embora a linguagem do *Projeto* seja inevitavelmente a dos anos 1890, várias de suas noções conservam (ou assumem) notável relevância para muitas ideias atuais da neurociência, inspirando um reexame do texto por Karl Pribram e Merton Gill, entre outros. Pribram e Gill chamam o *Projeto* de "a pedra de Rosetta" para quem quiser estabelecer ligações entre a neurologia e a psicologia. Além disso, muitas das ideias apresentadas por Freud nesse livro podem, hoje, ser examinadas experimentalmente de modos que teriam sido impossíveis na época em que foram formuladas.

A natureza da memória sempre absorveu Freud. Ele via a afasia como uma espécie de esquecimento, e em suas anotações observou que um sintoma inicial da enxaqueca geralmente era esquecer nomes próprios. Ele supunha que uma patologia da memória era fundamental na histeria ("Os histéricos sofrem principalmente de reminiscências"), e no *Projeto* ele tentou explicar a base fisiológica da memória em muitos níveis. Freud postulou que um requisito fisiológico prévio da memória era um sistema de "barreiras de contato" entre certos neurônios — o seu chamado sistema *psi* (isso foi uma década antes de Sherrington cunhar o termo "sinapse"). As barreiras de contato de Freud seriam capazes de facilitação ou inibição seletiva, permitindo, assim, mudanças neuronais permanentes que correspondiam à aquisição de novas informações e novas memórias — uma teoria do aprendizado basicamente semelhante à que Donald Hebb proporia nos anos 1940 e que hoje é corroborada por dados experimentais.

Em um nível superior, Freud considerava memória e motivo inseparáveis. Uma recordação não poderia ter força nem significado se não estivesse aliada a um motivo. Os dois sempre tinham de estar ligados; e no *Projeto*, como salientam Pribram e Gill, "memória e motivo são processos psi baseados na facilitação seletiva [...]: memórias [são] o aspecto retrospectivo dessas facilitações; motivos são os aspectos prospectivos".*

Assim, para Freud, o ato de lembrar, embora requeresse esses traçados neuronais locais (do tipo que hoje denominamos potenciação de longa duração), ia muito além deles e era essencialmente um processo dinâmico, transformador e reorganizador ao longo da vida inteira. Nada era mais fundamental para a formação da identidade do que o poder da memória, nada mais garantia a continuidade de uma pessoa como indivíduo. Mas memórias mudam, e ninguém foi mais sensível do que Freud ao potencial reconstrutor da memória, ao fato de que as memórias são trabalhadas e revistas continuamente, e de que sua essência, na verdade, *é* a recategorização.

Arnold Modell discutiu essa questão em relação ao potencial terapêutico da psicanálise e, de modo mais geral, à formação de um self privado. Ele cita uma carta que Freud escreveu a Fliess em dezembro de 1896, na qual ele usou o termo *Nachträglichkeit,* cuja melhor tradução — na opinião de Modell — seria "retranscrição".

Freud escreveu:

> Como você sabe, estou trabalhando com a hipótese de que nosso mecanismo psíquico tenha surgido por um processo de estratificação, o material presente na forma de traços de memória que é sujeito, de tempos em tempos, a um *rearranjo* de acordo com novas circunstâncias — uma *retranscrição*. [...] A memória está presente não uma vez, mas várias [...], os registros sucessivos representam a realização psíquica de épocas sucessivas da vida. [...] Explico as peculiaridades das psiconeuroses supondo que essa tradução não aconteceu para uma parte do material.

---

* Freud ressaltou que a natureza inseparável de memória e motivo trazia a possibilidade de compreender certas *ilusões* da memória com base na intencionalidade: a ilusão de que escrevemos para uma pessoa, por exemplo, quando apenas tivemos a intenção de fazê-lo, ou de que enchemos a banheira quando apenas tivemos a intenção de enchê-la. Não temos esse tipo de ilusão a menos que tenha existido uma intenção precedente.

Assim, o potencial para a terapia, para a mudança, está na capacidade de exumar para o presente esse material "fixado", a fim de que ele possa ser submetido ao processo criativo da retranscrição, permitindo que o indivíduo bloqueado cresça e mude novamente.

Para Modell, essas remodelações não só são cruciais no processo terapêutico, mas também constituem uma parte constante da vida humana, tanto para a "atualização" dia após dia (uma atualização que as pessoas com amnésia não podem fazer) como para as transformações importantes (e às vezes cataclísmicas), as "reavaliações de todos os valores" (como diria Nietzsche) que são necessárias para a evolução de um self privado único.

A incessante construção e reconstrução da memória foi uma conclusão central dos estudos experimentais realizados por Frederic Bartlett nos anos 1930. Neles, Bartlett demonstrou de modo bem claro (e às vezes divertido) que, quando recontamos uma história, para outros ou para nós mesmos, a memória muda continuamente. Para Bartlett, nunca ocorre uma simples reprodução mecânica da memória: sempre há uma reconstrução individual e imaginativa. Em suas palavras:

> A lembrança não é a reexcitação de inúmeros traços fixos, sem vida e fragmentários. É uma reconstrução ou construção imaginativa, feita com base na relação de nossa atitude para com uma massa ativa de reações ou experiências passadas organizadas e em pequenos detalhes destacados que aparecem comumente em forma de imagem ou linguagem. Por isso, praticamente nunca é exata, mesmo nos casos mais rudimentares de recapitulação rotineira, e não tem importância alguma que seja assim.

Desde o último terço do século XX, a tendência da neurologia e da neurociência tem sido buscar uma visão dinâmica e construtora do cérebro, uma noção de que, mesmo nos níveis mais elementares — por exemplo, no "preenchimento" de um ponto cego ou escotoma, ou na percepção de uma ilusão visual, como demonstraram Richard Gregory e V. S. Ramachandran —, o cérebro constrói uma hipótese, um padrão ou uma cena plausível. Em sua teoria da seleção de grupos neuronais, Gerald Edelman — baseado nos dados da neuroanatomia e da neurofisiologia, da embriologia e da biologia evolutiva, de trabalhos clínicos e experimentais e de modelos neurais sintéticos — propõe um detalhado modelo neurobiológico da mente, no qual o papel central do cérebro consiste precisamente em construir categorias — primeiro perceptuais, depois conceituais — em um processo ascendente, um "autocarregamento" no qual, repetindo a recategorização em níveis cada vez mais elevados, a consciência finalmente é alcançada. Assim, para Edelman, cada percepção é uma criação e cada memória é uma recriação ou recategorização.

Para Edelman, essas categorias dependem dos "valores" do organismo, as tendências ou disposições (em parte inatas, em parte aprendidas) que, para Freud, caracterizavam-se por "impulsos", "instintos" e "afetos". É notável a concordância entre as ideias de Freud e Edelman nesse aspecto; pelo menos aqui temos a sensação de que a psicanálise e a neurobiologia podem estar bem à vontade uma com a outra, congruentes, apoiando-se mutuamente. E talvez nessa igualação de *Nachträglichkeit* com "recategorização" tenhamos um vislumbre de como dois universos aparentemente díspares — o universo do significado humano e o da ciência natural — podem reunir-se.

A FALIBILIDADE DA MEMÓRIA

Em 1993, beirando os sessenta anos, comecei a experimentar um fenômeno curioso: o surgimento em minha mente, de forma espontânea e sem solicitação, de memórias muito antigas, que tinham estado adormecidas por mais de cinquenta anos. E não apenas memórias, mas estados de espírito, pensamentos, atmosferas e interesses associados a elas — em especial, lembranças da minha infância em Londres antes da Segunda Guerra Mundial. Inspirado por elas, escrevi dois breves relatos biográficos, um sobre os grandes museus de ciência em South Kensington, que para mim foram muito mais importantes do que a escola quando menino, e o outro sobre Humphry Davy, um químico do começo do século XIX que tinha sido um dos meus heróis naquele tempo distante e cujos experimentos, vividamente descritos, fascinaram-me e me inspiraram a imitá-lo. Creio que ter escrito esses textos estimulou, em vez de saciar, um impulso autobiográfico mais geral; e assim, em fins de 1997, embarquei em um projeto de três anos no qual garimpei, recuperei memórias, reconstruí, refinei, procurei unidade e significado até que tudo isso resultou em meu livro *Tio Tungstênio*.

Eu já previa alguma deficiência da memória, em parte porque os acontecimentos sobre os quais estava escrevendo tinham ocorrido fazia cinquenta anos ou mais, e a maioria das pessoas que poderiam lembrar-se deles ou confirmar os meus fatos já estava morta. Mas em parte também era porque, ao falar sobre os primeiros anos da minha vida, eu não poderia recorrer às cartas e diários que comecei a escrever por volta dos dezoito anos.

Aceitei que eu devia ter esquecido ou perdido muita coisa,

mas supus que as memórias que ainda me restavam — em especial as que eram muito vívidas, concretas e circunstanciais — eram essencialmente válidas e confiáveis, e foi um choque quando descobri que algumas delas não eram nem uma coisa, nem outra.

Um exemplo impressionante desse fato, o primeiro que notei, tinha relação com duas explosões de bomba que descrevi em *Tio Tungstênio,* ambas ocorridas no inverno de 1940-1, quando Londres foi bombardeada na Blitz:

> Uma noite, uma bomba de quinhentos quilos caiu no jardim do vizinho, mas felizmente não explodiu. Todos nós, a rua inteira talvez, fugimos dali naquela noite rastejando (minha família foi para o apartamento de um primo) — muitos estavam de pijama, e fizemos tudo para pisar bem de leve (será que a vibração poderia detonar aquela coisa?). As ruas estavam na escuridão total, era o tempo do blecaute, e todos carregávamos lanternas elétricas encobertas com papel crepom vermelho. Não tínhamos ideia se nossas casas ainda estariam em pé de manhã.
>
> Numa outra ocasião, uma bomba incendiária, uma bomba de termita, caiu atrás da nossa casa e se incendiou, emitindo um calor terrível. Meu pai tinha uma bomba de água portátil, e meus irmãos levavam-lhe baldes cheios, mas a água parecia inútil contra aquele fogo infernal — na verdade, fazia com que ardesse ainda com mais fúria. A água atingia o metal incandescente, chiando e cuspindo violentamente, enquanto a bomba derretia seu próprio invólucro e lançava bolhas e jatos de metal fundido em todas as direções.

Alguns meses depois da publicação do livro, conversei sobre esses incidentes das bombas com meu irmão Michael. Ele era cinco anos mais velho do que eu, e estudou comigo em Braefield, o colégio interno para o qual fomos mandados no começo da guerra (onde eu passaria quatro anos terríveis, atormentado por colegas valentões e por um diretor sádico). Meu irmão confirmou imediatamente o primeiro bombardeio, e disse: "Eu me lembro de que foi exatamente como você descreveu". Mas, sobre o segundo, ele foi categórico: "Você não viu. Não estava lá".

Fiquei perplexo. Como ele podia negar uma recordação da qual eu jamais duvidara e sobre a qual eu poderia jurar sem hesitação em um tribunal?

"Como assim?", protestei. "Posso ver tudo na minha mente ainda agora: o papai com sua bomba, Marcus e David com seus baldes de água. Como eu poderia ver com tanta clareza se não estivesse lá?"

"Você não viu", Michael repetiu. "Nós dois estávamos em Braefield naquela época. Mas David [nosso irmão mais velho] escreveu uma carta para nós, contando o incidente. Uma carta muito vívida, dramática. Você ficou eletrizado." Não só fiquei eletrizado, mas decerto construí a cena em minha mente, com base nas palavras de David, e então apropriei-me da narrativa como se fosse uma memória pessoal.

Depois desse esclarecimento de Michael, tentei comparar as duas memórias — a primária, na qual o selo direto da experiência não estava em dúvida, com a construída, ou secundária. No primeiro incidente, pude sentir-me no corpo do menino, tremendo em seu pijama fininho — era dezembro, inverno, e eu estava apavorado — e, como eu era pequeno em comparação com os adultos altos em volta, eu tinha de espichar a cabeça para ver os rostos deles.

A segunda imagem, a da bomba de termita, parecia ser igualmente clara: muito vívida, detalhada, concreta. Tentei me convencer de que ela possuía uma qualidade diferente da primeira, de que continha indícios de ter sido apropriada da experiência de outra pessoa e traduzida em imagem a partir de uma descrição verbal. Porém, embora intelectualmente eu soubesse que aquela memória era falsa, ela ainda me parecia tão real, tão intensamente minha quanto antes.* Eu me perguntei se ela teria se tornado tão real, tão pessoal, tão fortemente arraigada em minha psique (e, presumivelmente, em meu sistema nervoso) como se fosse uma memória primária genuína. Será que a psicanálise, ou mesmo exames de imagem do cérebro, conseguiriam diferenciar?

---

* Pensando melhor, surpreende-me o modo como pude visualizar a cena no jardim de diversos ângulos, enquanto a cena da rua sempre é "vista" pelos olhos do aterrorizado garoto de sete anos que eu era em 1940.

Minha falsa experiência de bombardeio foi bem parecida com a verdadeira, e facilmente poderia ter sido uma experiência pessoal se eu estivesse em casa na ocasião. Eu podia imaginar cada detalhe do jardim que conhecia tão bem. Se não fosse assim, talvez a descrição na carta do meu irmão não me afetasse tanto. Porém, como eu podia facilmente me imaginar ali, e imaginar também os sentimentos que acompanhariam a situação, admiti a experiência como sendo minha.

Todos nós transferimos experiências em algum grau, e às vezes não sabemos bem se uma experiência foi algo que nos contaram ou se lemos a respeito dela, ou se foi alguma coisa que nos aconteceu de verdade. Isso tende a acontecer especialmente com as chamadas primeiras memórias.

Tenho uma recordação vívida de quando estava com uns dois anos de idade: puxei o rabo do nosso cão Peter quando ele estava roendo um osso debaixo da mesa; Peter pulou e me mordeu na bochecha, e eu fui carregado aos berros para o consultório médico que meu pai tinha em casa e levei dois pontos no ferimento. Aqui pelo menos há uma realidade objetiva: levei uma mordida de Peter na bochecha aos dois anos, e ainda tenho a cicatriz. Mas será que eu me lembro mesmo disso, ou será que me contaram e eu depois construí uma "memória" que se fixou cada vez mais na minha mente pela repetição? Essa memória me parece intensamente real, e o medo associado a ela sem dúvida é real, já que passei a temer animais grandes depois desse incidente — Peter, um chow-chow, era quase do meu tamanho quando eu tinha dois anos —, temer que me atacassem ou me mordessem de repente.

Daniel Schacter escreveu várias obras sobre distorções da memória e as confusões que elas podem gerar. Em seu livro *Searching for Memory*, ele menciona uma conhecida história sobre Ronald Reagan:

> Na campanha presidencial de 1980, Ronald Reagan contou várias vezes uma história comovente sobre um piloto de bombardeiro na Segunda Guerra Mundial que ordenou aos tripulantes que saltassem de paraquedas quando seu avião ficou seriamente danificado por fogo inimigo. Seu

jovem artilheiro da torre estava tão gravemente ferido que não pôde deixar o avião. Reagan mal continha as lágrimas quando revelava a resposta heroica do piloto: "Não tem problema. Nós dois vamos levar esse avião para baixo juntos". A imprensa logo percebeu que essa história era uma repetição quase exata de uma cena do filme *Uma asa e uma prece*. Pelo visto, Reagan reteve os fatos, mas esqueceu a fonte.

Reagan era na época um vigoroso senhor de 69 anos, seria presidente por oito anos e só viria a apresentar demência inequivocamente quando octogenário. No entanto, a vida toda ele se dedicara à profissão de ator, à simulação de emoções, e por muito tempo demonstrara pendor para a fantasia romântica e o histrionismo. Reagan não estava simulando emoção quando contava essa história — sua história, sua realidade, como ele sentia — e, se tivesse sido submetido ao detector de mentira (o imageamento funcional do cérebro ainda não tinha sido inventado), não se veria nada das reveladoras reações que acompanham a mentira consciente, pois ele *acreditava* no que estava dizendo.

Contudo, é espantoso perceber que algumas das nossas memórias mais queridas podem nunca ter acontecido — ou ter acontecido com outra pessoa.

Desconfio que muitos dos meus entusiasmos e impulsos, que parecem ser apenas meus, possam ter surgido de sugestões de terceiros que acabaram por me influenciar fortemente, de modo consciente ou inconsciente, e então foram esquecidas.

Da mesma forma, embora eu costume fazer palestras sobre certos temas, nunca sou capaz de lembrar exatamente, seja isso bom ou mau, o que eu disse nas ocasiões anteriores; também não suporto consultar as minhas anotações antigas (e, às vezes, nem mesmo as que fiz uma hora antes para a palestra do momento). Ao perder a memória consciente daquilo que eu já disse, descubro meus temas novamente a cada vez.

Esses esquecimentos às vezes podem descambar para um autoplágio: eu reproduzo frases ou sentenças inteiras como se elas fossem novas, e ocasionalmente isso pode ser agravado por um genuíno esquecimento.

Revejo meus velhos cadernos de anotações e descubro que muitos dos pensamentos que escrevi neles ficam esquecidos por anos e depois são revividos e reformulados como se fossem novos. Desconfio que esses esquecimentos ocorrem para todo mundo e que podem ser especialmente comuns para quem escreve, pinta ou compõe, pois a criatividade talvez requeira esquecimentos assim, para que as memórias e ideias da pessoa sejam novamente trazidas à luz e vistas em novos contextos e perspectivas.

O dicionário *Webster's* define "plagiar" como "roubar ideias ou palavras de outros e apresentá-las como de autoria própria; usar [...] sem citar a fonte [...] cometer roubo literário; apresentar como nova e original uma ideia ou produto derivado de uma fonte já existente". Há notáveis coincidências entre essa definição do *Webster's* e a da criptomnésia: a diferença essencial é que o plágio, como é comumente entendido e reprovado, é consciente e intencional; ao passo que a criptomnésia não é uma coisa nem outra. Talvez o termo "criptomnésia" precise tornar-se mais conhecido, pois, embora seja possível falar em "plágio inconsciente", a própria palavra "plágio" tem uma carga moral tão grande, encerra tamanha sugestão de crime e logro, que conserva o veneno mesmo que seja inconsciente.

Em 1970, George Harrison lançou uma música, "My Sweet Lord", que fez um sucesso tremendo e tinha acentuada semelhança com uma canção composta por Ronald Mack ("He's so Fine"), gravada oito anos antes. Quando a questão foi a julgamento, o tribunal declarou Harrison culpado de plágio, mas demonstrou uma boa intuição psicológica e compreensão em seu julgamento. O juiz concluiu: "Harrison usou deliberadamente a música 'He's so Fine'? Não creio que ele tenha feito isso deliberadamente. Ainda assim [...] trata-se, segundo a lei, de uma violação de direito autoral, e não deixa de sê-lo se for de modo subconsciente".

Helen Keller também foi acusada de plágio, quando tinha apenas doze anos.* Embora fosse surda e cega desde muito pequena e não possuísse linguagem antes de conhecer Annie Sullivan aos seis anos, Helen tornou-se uma escritora prolífica assim que aprendeu a soletrar com os dedos e a comunicar-se em braille. Entre outros textos, ela escreveu uma história intitulada "O rei da geada" e a deu de presente de aniversário a uma amiga. Quando a história foi publicada em uma revista, os leitores logo perceberam nela grandes semelhanças com "As fadas da geada", um conto infantil de Margaret Canby. A admiração por Keller deu lugar à condenação: ela foi acusada de plágio e falsificação deliberada, apesar de não se lembrar de ter lido a história de Canby. (Depois ela percebeu que a história tinha sido "lida" para ela, usando o recurso de soletrar com os dedos em sua mão.) A jovem Keller foi sujeita a um interrogatório impiedoso e ultrajante, que a marcou pelo resto da vida.

Por outro lado, ela também contou com defensores, entre eles a plagiada, Margaret Canby, que ficou assombrada com o fato de uma história soletrada na mão da menina três anos antes ter sido lembrada ou reconstruída tão detalhadamente. "Que maravilhosa mente ativa e retentiva essa criança talentosa deve ter!", Canby escreveu. Alexander Graham Bell também a defendeu, dizendo: "Nossas composições mais originais consistem exclusivamente em expressões derivadas de outras".

Mais tarde, Keller comentou que esse tipo de apropriação tinha mais probabilidade de ocorrer nos casos em que ela recebia as palavras passivamente, quando livros eram soletrados em sua mão. Nesse tipo de comunicação, explicou, às vezes ela não podia identificar nem lembrar a fonte das palavras; em algumas ocasiões, nem mesmo sabia se eram provenientes de fora. Já quando ela lia ativamente em braille, movendo os dedos pelas páginas, era raro acontecer esse tipo de confusão.

Mark Twain escreveu uma carta a Keller:

---

* Dorothy Herrmann faz um relato pormenorizado e compreensivo desse episódio na biografia de Keller.

Minha nossa, que coisa mais cômica, que idiotice pernóstica e grotesca foi essa palhaçada do "plagiarismo"! Como se existisse muito na elocução humana, oral ou escrita, *além* do plágio! [...] Porque, em substância, todas as ideias são de segunda mão, extraídas consciente e inconscientemente de um milhão de fontes externas.

O próprio Twain havia cometido esse tipo de roubo inconsciente, como descreveu em um discurso no septuagésimo aniversário de Oliver Wendell Holmes:

Oliver Wendell Holmes [foi] o primeiro grande literato de quem roubei alguma coisa — e foi assim que comecei a escrever para ele, e ele para mim. Quando meu primeiro livro era recente, um amigo me escreveu: "A dedicatória é muito elegante". Sim, eu disse, eu também achava. Meu amigo continuou: "Sempre a admirei, mesmo antes de vê-la em *The Innocents Abroad*".

Eu, naturalmente, exclamei: "Como assim? Onde já a viu antes?".

"Ora, vi pela primeira vez alguns anos atrás, na dedicatória do doutor Holmes em seu *Songs in Many Keys*."

É claro que meu primeiro impulso foi preparar os restos mortais daquele sujeito para o enterro, mas depois de refletir eu disse que suspenderia a pena por um momento e lhe daria a chance de provar sua afirmação, se pudesse: entramos numa livraria, e ele provou. Eu tinha mesmo roubado aquela dedicatória, quase palavra por palavra. [...]

Então, é claro que escrevi para o doutor Holmes e disse que não tivera a intenção de roubar, e ele respondeu com a maior gentileza que estava tudo bem, não havia nenhum problema; acrescentou que provavelmente todos nós requentamos ideias colhidas naquilo que lemos e escrevemos, imaginando que são originais nossas.

Ele falou uma verdade, e fez isso de um modo tão simpático [...] que fiquei feliz por ter cometido o crime, só para receber aquela carta. Depois fiz uma visita ao doutor e lhe disse para usar e abusar das minhas ideias que ele julgasse um bom protoplasma para a poesia. Com isso ele pôde ver que eu não tinha nada de mesquinho, e nos demos bem logo de cara.

A questão dos plágios, paráfrases, criptomnésias ou empréstimos de Coleridge intriga seus estudiosos e biógrafos há quase dois séculos, e é especialmente interessante quando consideramos a prodigiosa capacidade de memória desse autor, seu gênio imaginativo e seu senso de identidade complexo, multiforme e às vezes atormentado. A melhor abordagem desse tema está em sua biografia em dois volumes escrita por Richard Holmes.

Coleridge era um leitor voraz e onívoro, e parecia reter tudo o que lia. Há relatos de que ele, quando estudante, lia o *Times* displicentemente e depois era capaz de reproduzir o jornal inteiro, incluindo os anúncios, palavra por palavra. Holmes escreveu: "No jovem Coleridge, isso é parte de seu dom: uma enorme capacidade de leitura, uma memória retentiva, o talento de um palestrante para conjurar e orquestrar ideias de outras pessoas e os instintos naturais de um conferencista e um pregador para coletar material onde quer que o encontre".

O empréstimo literário foi comum no século XVII: Shakespeare emprestou livremente de muitos de seus contemporâneos, e Milton fez o mesmo. O empréstimo amistoso permaneceu comum no século XVIII: Coleridge, Wordsworth e Southey emprestaram uns dos outros e até, segundo Holmes, publicaram obras com os nomes uns dos outros.

Mas o que na juventude de Coleridge foi comum, natural e lúdico assumiu pouco a pouco uma forma mais inquietante, especialmente em relação aos filósofos alemães (sobretudo Friedrich Schelling), que ele descobriu, venerou e traduziu para o inglês. Páginas inteiras da *Biographia Literaria* de Coleridge consistem em passagens textuais de Schelling, sem crédito ao autor. Embora esse comportamento não dissimulado e danoso fosse prontamente (e redutivamente) caracterizado como "cleptomania literária", o que de fato aconteceu é complexo e misterioso, como analisa Holmes no segundo volume de sua biografia. Segundo Holmes, os plágios mais flagrantes de Coleridge ocorreram em um período devastador de sua vida, quando ele tinha sido abandonado por Wordsworth, estava incapacitado por profunda ansiedade e insegurança intelectual e mais do que nunca dependente de ópio. Nessa fase, Holmes escreve, "seus autores alemães deram-lhe apoio e consolo; em uma metáfora que ele mesmo usava com frequência, Coleridge entrelaçou-se neles como hera no carvalho".

Antes disso, Holmes relata, Coleridge descobrira outra afinidade extraordinária: com o escritor alemão Jean Paul Richter — uma afinidade que o levou a traduzir textos de Richter e então explorá-los, elaborando-os ao seu modo, conversando e comungando com o outro autor em seus cadernos de anotações. Às vezes, as vozes dos dois misturavam-se a tal ponto que não se podia distingui-las.

Em 1996, li uma crítica sobre uma nova peça de teatro, *Molly Sweeney*, do renomado dramaturgo Brian Friel. A personagem principal, eu li, nasceu cega mas tem a visão restaurada na meia-idade. Depois da operação ela pode ver com clareza, mas não é capaz de reconhecer coisa alguma: tem agnosia visual, porque seu cérebro nunca aprendeu a ver. Molly acha isso apavorante e absurdo, e se sente aliviada quando volta ao seu estado original de cegueira. Isso me assombrou, pois apenas três anos antes eu tinha publicado uma história extraordinariamente semelhante na revista *The New Yorker*.* Quando li a peça de Friel, descobri, surpreso, além das similaridades do tema, uma profusão de frases e sentenças do meu próprio relato. Entrei em contato com Friel e perguntei sobre essas coincidências, mas ele negou até mesmo conhecer o meu ensaio. Porém, depois que eu lhe mandei uma comparação detalhada dos dois textos, ele percebeu que devia ter lido o meu artigo, mas esquecido. Ficou perplexo: tinha lido muitas das mesmas fontes originais que mencionei em meu artigo, e achava que os temas e a linguagem de *Molly Sweeney* eram originais. Concluiu que, não sabia como, ele absorvera inconscientemente grande parte da minha linguagem, achando que era dele. (Concordou em acrescentar créditos ao meu trabalho na peça.)

Freud era fascinado pelos lapsos e erros de memória que ocorrem no dia a dia e sua relação com as emoções, principal-

---

* Esse ensaio, "To See and Not See", foi depois publicado em meu livro *Um antropólogo em Marte*.

mente com emoções inconscientes. Mas ele também foi obrigado a lidar com distorções da memória muito mais gritantes mostradas por alguns de seus pacientes, em especial quando lhe contavam que tinham sido vítimas de sedução ou abuso sexual na infância. De início ele aceitou literalmente todos esses relatos, mas por fim, ao ver que faltavam evidências ou plausibilidade em vários casos, começou a cogitar a possibilidade de essas recordações terem sido distorcidas por fantasias e de algumas serem fabulações completas, construídas inconscientemente, mas de modos tão convincentes que os próprios pacientes acreditavam nelas sem reservas. As histórias que os pacientes contavam a ele e a si próprios, mesmo se fossem falsas, podiam ter um efeito muito poderoso em suas vidas; e Freud julgava que a realidade psicológica deles podia ser a mesma, quer proviesse de experiências reais ou de fantasias.

Em um relato biográfico intitulado *Fragments*, escrito em 1995, Binjamin Wilkomirski contou que era judeu polonês e, quando criança, passara vários anos sobrevivendo aos horrores e perigos de um campo de concentração. O livro foi aclamado como uma obra-prima. Alguns anos depois, descobriram que Wilkomirski não tinha nascido na Polônia, e sim na Suíça, não era judeu e nunca tinha estado em um campo de concentração. O livro inteiro era uma grande fabulação. (Elena Lappin descreveu esse caso em um ensaio publicado em 1999 na revista *Granta*.)

Apesar de indignadas acusações de fraude, quando o assunto foi investigado mais a fundo, a impressão foi de que Wilkomirski não tivera a intenção de lograr seus leitores (aliás, nem sequer pretendera que seu livro fosse publicado). Por muitos anos, ele se dedicara a um empreendimento particular: em resumo, uma reinvenção fantasiosa de sua infância, aparentemente em reação ao fato de ter sido abandonado pela mãe aos sete anos de idade.

Parece que a intenção principal de Wilkomirski foi enganar a si mesmo. Quando confrontado com a realidade histórica, sua reação foi de perplexidade e confusão. A essa altura, ele estava totalmente perdido em sua própria ficção.

Fala-se muito em memórias recuperadas — memórias de experiências tão traumáticas que seriam reprimidas por defesa e então, com terapia, liberadas da repressão. Formas particularmente sinistras e fantásticas desse tipo de memórias incluem rituais satânicos de um tipo ou outro, acompanhados frequentemente por práticas sexuais coercivas. Vidas, famílias foram arruinadas por acusações nessa linha. No entanto, demonstrou-se que essas descrições, ao menos em alguns casos, podem ser insinuadas ou incutidas por outras pessoas. A combinação constante de uma testemunha sugestionável (frequentemente uma criança) com uma figura de autoridade (talvez um terapeuta, um professor, um assistente social ou um investigador) pode ser particularmente poderosa.

Da Inquisição e julgamentos das bruxas de Salem até os julgamentos soviéticos dos anos 1930 e a prisão de Abu Ghraib, variedades de "interrogatório extremo" com tortura física e mental direta foram usadas para extrair "confissões" religiosas ou políticas. Embora esses interrogatórios possam ter o objetivo de extrair informações, suas intenções mais profundas podem ser fazer uma lavagem cerebral, efetuar uma verdadeira mudança na mente, preenchê-la com memórias implantadas, autoincriminadoras — e nessa tarefa eles podem ser assustadoramente bem-sucedidos. (A parábola mais relevante aqui está em *1984*, de Orwell, quando Winston, no fim, sob pressão insuportável, é vencido, trai Julia, trai a si mesmo e a todos os seus ideais, trai sua memória e seu julgamento também, e acaba por amar o Grande Irmão.)

Entretanto, pode não ser preciso uma sugestão forte ou coerciva para afetar as memórias de uma pessoa. Os depoimentos de testemunhas oculares são famigerados por estarem sujeitos a sugestão e erro, frequentemente com resultados terríveis para quem é acusado sem razão. Agora, com exames de DNA, em muitos casos é possível descobrir uma confirmação ou refutação objetiva desses testemunhos, e Schacter observou que "uma análise recente de quarenta casos nos quais evidências de DNA estabeleceram a inocência de indivíduos aprisionados injustamente revelou que 36 deles (90%) envolviam identificação equivocada feita por testemunhas oculares".*

Nestas últimas décadas temos visto um surto ou ressurgimento de memórias ambíguas e síndromes de identidade, mas também a publicação de importantes estudos — forenses, teóricos e experimentais — sobre a maleabilidade da memória. Elizabeth Loftus, psicóloga e pesquisadora da memória, documentou um êxito inquietante em implantar falsas memórias pelo simples processo de sugerir a uma pessoa que ela vivenciou um acontecimento fictício. Esses pseudoeventos, inventados por psicólogos, podem variar desde incidentes cômicos até acontecimentos um tanto perturbadores (por exemplo, ter se perdido no shopping quando criança) ou mesmo incidentes mais graves (ter sido vítima de um ataque de animal ou de uma agressão séria por outra criança). Depois de um ceticismo inicial ("Nunca me perdi num shopping") e então de incerteza, a pessoa pode passar a ter uma convicção tão intensa que continuará a insistir na verdade da memória implantada inclusive depois de o experimentador confessar que o episódio não aconteceu realmente.

O que é claro em todos esses casos — de abuso real ou imaginado na infância, de memórias genuínas ou implantadas, de testemunhas oculares equivocadas e prisioneiros que sofreram lavagem cerebral, de plágio inconsciente e falsas memórias que todos nós temos devido à atribuição incorreta ou confusão de fontes — é que, na ausência de confirmação externa, não existe um modo fácil de distinguir uma memória ou inspiração genuína, sentida como tal, daquelas que foram emprestadas ou sugeridas, entre o que Donald Spence chama de "verdade histórica" e "verdade narrativa".

Mesmo se o mecanismo subjacente de uma falsa memória for exposto, como eu pude fazer com a ajuda de meu irmão no incidente da bomba incendiária (ou como Loftus fazia quando

---

* O filme *O homem errado*, de Hitchcock (o único filme de não ficção que ele dirigiu) documenta as medonhas consequências de uma identificação equivocada, feita com base em testemunha ocular (a "condução" de testemunhas, além de semelhanças fortuitas, tem no caso um papel fundamental).

confessava aos participantes de seu experimento que suas memórias tinham sido implantadas), isso pode não alterar a sensação de experiência realmente vivida ou "realidade" que essas memórias geram. Tampouco, aliás, as óbvias contradições ou absurdos de certas memórias podem alterar o sentimento de convicção ou crença. Grande parte das pessoas que dizem ter sido abduzidas por extraterrestres não está mentindo quando fala sobre suas experiências, e também não está consciente de que inventou uma história — elas realmente acreditam que isso aconteceu. (Em *A mente assombrada,* explico como alucinações, sejam elas causadas por privação dos sentidos, exaustão ou várias doenças, podem ser confundidas com a realidade, em parte porque envolvem as mesmas vias sensoriais do cérebro usadas pelas percepções "reais".)

Assim que uma história ou memória desse tipo é construída, acompanhada por imagens sensoriais vívidas e emoção forte, pode não haver um recurso interno, psicológico, para distinguir o verdadeiro do falso, nem algum modo neurológico externo. Os correlatos fisiológicos desse tipo de memória podem ser examinados com técnicas de imagem funcional do cérebro, as quais mostrarão que memórias vívidas produzem uma ativação cerebral disseminada envolvendo áreas sensoriais, emocionais (límbicas) e executivas (lobos frontais) — um padrão que é praticamente idêntico quer a memória se baseie em experiência, quer não.

Ao que parece, a mente ou o cérebro não possui um mecanismo para assegurar a verdade, ou pelo menos o caráter verídico das nossas recordações. Não temos acesso direto à verdade histórica, e o que sentimos ou afirmamos ser verdade (como Helen Keller estava em boa posição de observar) depende tanto da nossa imaginação como dos nossos sentidos. Não existe nenhum modo pelo qual acontecimentos do mundo possam ser transmitidos ou registrados diretamente no cérebro: eles são experimentados e construídos de um modo acentuadamente subjetivo, que, para começar, é diferente em cada indivíduo, e além disso são reinterpretados ou novamente experimentados de forma diferente toda vez que a pessoa os recorda. Nossa única verdade é a verdade narrativa, as histórias que contamos uns aos outros e a nós mesmos — as histórias que recategorizamos e refinamos continuamente. Essa subjetividade é embutida na própria natureza da memória e decorre de sua base e dos mecanismos que possuímos no cérebro. O espantoso é que aberrações muito gritantes sejam relativamente raras e que a maior parte das nossas memórias seja sólida e confiável.

Nós, seres humanos, somos donos de memórias que possuem falibilidades, fragilidades e imperfeições — mas também flexibilidade e criatividade imensas. Fazer confusão com fontes ou ser indiferente a elas pode ser uma vantagem paradoxal: se pudéssemos identificar as fontes de todos os nossos conhecimentos, acabaríamos atolados em informações, muitas delas irrelevantes. A indiferença a fontes nos permite assimilar o que lemos, o que nos dizem, o que outros falam, pensam, escrevem e pintam, de um modo tão intenso e rico como se fossem experiências primárias. Permite-nos ver e ouvir com outros olhos e ouvidos, entrar em outras mentes, assimilar a arte, a ciência, a religião da cultura como um todo, entrar na mente comum e contribuir para ela: uma comunidade geral de conhecimento. A memória surge não só da experiência, mas também da interação de muitas mentes.

ENGANOS AUDITIVOS

Algumas semanas atrás, eu me surpreendi quando ouvi minha amiga Kate dizer: "Vou ao *choir practice*" [ensaio do coral]. Nunca, nos trinta anos em que nos conhecemos, eu tinha ouvido dela qualquer referência a um interesse por canto. Pensei: "Ora, quem sabe? Talvez seja algo que ela tenha guardado só para si, talvez seja um novo interesse, talvez o filho dela participe de algum coral, talvez...".

Hipóteses não me faltaram, mas nem por um momento me passou pela cabeça que eu tinha ouvido mal. Só quando ela voltou, descobri que ela tinha ido a um *chiropractor* [quiroprático].

Alguns dias depois, Kate brincou: "Estou indo ao *choir practice,* viu?". E eu estranhei de novo: "*Firecrackers*? Por que será que ela está falando em *firecrackers* [fogos de artifício]?".*

Conforme a minha surdez aumenta, vou ficando cada vez mais propenso a entender mal o que as pessoas dizem, embora não seja algo muito previsível: pode acontecer vinte vezes num dia ou nenhuma. Eu registro meticulosamente essas ocorrências em um caderninho vermelho que rotulei como PARACUSIAS: transtornos da audição, em especial a confusão de uma palavra com outra. Anoto o que ouço (em vermelho) em uma página, o que de fato foi dito (em verde) na página ao lado, e (em roxo) as reações das pessoas às minhas confusões de palavras e as hipóteses, muitas delas estapafúrdias, que acabo inventando

---

* *Choir practice, chiropractor* e *firecrackers* têm pronúncias um tanto parecidas. (N. T.)

para tentar dar sentido a algo que em geral não tem essencialmente sentido nenhum.

Depois que Freud publicou *Psicopatologia da vida cotidiana*, em 1901, esses erros de entendimento de palavras ouvidas, junto com uma série de erros de entendimento de palavras lidas, erros de fala, erros de conduta e lapsos da língua, passaram a ser vistos como “freudianos”: uma expressão de sentimentos e conflitos profundamente reprimidos. Porém, embora de vez em quando me aconteça de trocar o que ouvi por algo impublicável que me faça corar, a grande maioria desses meus erros não admite nenhuma interpretação freudiana simples. Por outro lado, em quase todas as confusões auditivas que faço, existe um som geral semelhante, uma gestalt acústica similar que liga o que é dito ao que é ouvido. A sintaxe sempre é preservada, mas isso não ajuda; a tendência é que o significado daquilo que foi dito seja deturpado, assoberbado por formas sonoras fonologicamente parecidas, mas sem sentido ou absurdas, ainda que a forma geral da sentença seja preservada.

Uma enunciação sem nitidez, sotaques incomuns ou transmissão ruim podem induzir nossas percepções ao erro. A maioria dos equívocos de audição acontece pela substituição de uma palavra real por outra, ainda que absurda ou fora de contexto; às vezes, porém, o cérebro inventa um neologismo. Quando uma amiga me disse por telefone que seu filho estava doente, troquei “tonsilite” por “pontilite”, e fiquei intrigado. Seria alguma síndrome clínica rara, alguma inflamação que eu desconhecia? Não me ocorreu que eu tinha acabado de criar uma palavra inexistente — e uma doença inexistente.

Cada erro de audição é uma criação nova. O centésimo deles é tão inédito e surpreendente quanto o primeiro. Estranhamente, muitas vezes demoro a perceber que ouvi errado, e me ocorrem as ideias mais mirabolantes para explicar o que pensei que ouvi, quando seria de esperar que eu devia identificar o erro logo de saída. Se um equívoco desse tipo parecer plausível, a pessoa pode não supor que *ouviu* errado; só quando o que ela pensa que ouviu é suficientemente implausível ou totalmente fora de contexto, ela deduz “isso não pode estar certo”, e (talvez constrangida) pede ao interlocutor para repetir o que disse; é isso que faço muitas vezes, e até chego a soletrar as palavras ou frases que ouvi errado.

Quando Kate disse que estava indo ao ensaio do coral, aceitei: ela *podia* mesmo estar indo a um ensaio de coral. Mas quando um amigo comentou sobre "um *cuttlefish* [siba] importante diagnosticado com ELA [esclerose lateral amiotrófica]", eu senti que só *podia* ter ouvido errado. É verdade que as sibas são moluscos cefalópodes dotados de sistema nervoso complexo, e talvez — pensei por uma fração de segundo — uma siba *pudesse* ter ELA. Mas a ideia de uma siba "importante" era ridícula. (O certo era um *publicist* [assessor de imprensa] importante.)

Embora os erros de audição talvez pareçam não ter nenhum interesse especial, eles podem permitir vislumbres inesperados da natureza da percepção, sobretudo a percepção da fala. Em primeiro lugar, o extraordinário é que eles se apresentam como palavras ou frases articuladas com clareza, e não como uma mixórdia de sons. Em vez de não ouvir, a pessoa *ouve outra coisa*.

Esses erros auditivos não são alucinações, mas, como as alucinações, eles utilizam as vias usuais da percepção e passam por realidade — não ocorre à pessoa questioná-los. Porém, como todas as nossas percepções têm de ser construídas pelo cérebro a partir de dados sensoriais frequentemente escassos e ambíguos, a possibilidade de um erro ou engano está sempre presente. Aliás, é espantoso que tão frequentemente as nossas percepções sejam corretas, considerando a rapidez, a quase instantaneidade com que são construídas.

O ambiente, os nossos desejos e expectativas, conscientes e inconscientes, sem dúvida podem ser codeterminantes dos erros de audição, mas a verdadeira travessura acontece em níveis inferiores, naquelas partes do cérebro envolvidas na análise e decodificação fonológica. Essas partes fazem o que podem com os sinais distorcidos ou deficientes que nos chegam dos ouvidos, e dão um jeito de construir palavras ou frases verdadeiras, ainda que absurdas.

Se eu com grande frequência ouço palavras errado, é raro me enganar ao ouvir música: notas, melodias, harmonias, fraseados permanecem tão claros e ricos quanto sempre foram para mim (embora não seja raro eu ouvir errado a *letra* da música). Claramente existe algo no modo como o cérebro processa a música que a torna robusta, mesmo diante de uma audição imperfeita; inversamente, existe algo na natureza da linguagem oral que a torna muito mais vulnerável a deficiências e distorções.

Tocar ou mesmo ouvir música (pelo menos música tradicional, de partitura) envolve não só a análise de tom e ritmo, mas também solicita a nossa memória procedural e centros emocionais do cérebro; composições musicais são mantidas na memória e permitem a antecipação.

A fala, por sua vez, também precisa ser decodificada por outros sistemas do cérebro, incluindo sistemas para memória semântica e sintaxe. A fala é aberta, inventiva, improvisada; é rica em ambiguidade e sentidos. Nela há uma grande liberdade, que torna a linguagem falada quase infinitamente flexível e adaptável, mas também vulnerável a erros de interpretação pelo ouvinte.

Será, então, que Freud se enganou totalmente com respeito aos lapsos e erros de audição? É claro que não. Ele expôs considerações fundamentais sobre desejos, medos, motivos e conflitos não presentes na consciência, ou expulsos da consciência, que podem influenciar os lapsos da língua, os erros de audição ou de leitura. Por outro lado, ele talvez exagerasse ao insistir no fato de que os erros de percepção decorrem totalmente de motivação inconsciente.

Depois de colecionar erros de audição nestes últimos anos sem nenhuma seleção ou parcialidade explícita, sou forçado a pensar que Freud subestimou o poder dos mecanismos neurais, combinado à natureza aberta e imprevisível da linguagem, para sabotar o sentido, gerar erros de audição que são irrelevantes *tanto* em termos de contexto *como* de motivação subconsciente.

No entanto, muitas vezes há uma espécie de estilo ou agudeza — uma "verve" — nessas invenções instantâneas; elas refletem, em certo grau, os interesses e experiências da pessoa, e eu me divirto um bocado com elas. Só mesmo no reino dos erros de audição — pelo menos os meus — uma biografia do câncer pode tornar-se uma biografia de Cantor (um dos meus matemáticos favoritos); *tarot cards* [cartas de tarô] transformam-se em *pteropods* [pterópodes]; uma *grocery bag* [sacola de supermercado] é uma *poetry bag* [sacola de poesia]; *all-or-noneness* [tudo ou nada] se torna *oral numbness* [adormecimento oral]; *porch* [varanda] é um *Porsche*; e uma simples menção a *Christmas Eve* [véspera de Natal] vira um comando de *Kiss my feet!* [Beije os meus pés!].

O EU CRIATIVO

Todas as crianças gostam de brincadeiras que sejam repetitivas e imitativas mas, ao mesmo tempo, exploratórias e inovadoras. São atraídas tanto pelo familiar como pelo inusitado — firmam-se e se ancoram no que lhes é conhecido e seguro, e exploram o que é novo e nunca experimentado. As crianças têm uma fome elementar de conhecimento e compreensão, de alimento e estímulo mental. Não é preciso dizer-lhes ou "motivá-las" para irem explorar ou brincar, pois brincar, como todas as atividades criativas ou protocriativas, já é imensamente prazeroso.

Os impulsos inovadores e os imitativos reúnem-se nas brincadeiras de fingir, frequentemente usando brinquedos, bonecos ou miniaturas de objetos da vida real para representar novos cenários ou ensaiar e reprisar cenários já existentes. As crianças são atraídas pela narrativa; não apenas solicitam e apreciam histórias contadas por outros, mas também criam as delas. Contar histórias e criar mitos são atividades humanas primordiais, um modo fundamental de tentar compreender nosso mundo.

Inteligência, imaginação, talento e criatividade não chegariam a lugar algum sem uma base de conhecimentos e habilidades, e por isso a educação deve ser suficientemente estruturada e enfocada. Contudo, uma educação demasiado rígida, formulada, carente de narrativa pode matar a mente inquisitiva e até então ativa de uma criança. A educação precisa alcançar um equilíbrio entre estrutura e liberdade, e as necessidades de cada criança podem ser extremamente variáveis. Algumas mentes jovens expandem-se e florescem com um bom ensino. Outras crianças (entre elas algumas das mais criativas) podem resistir ao ensino formal; são essencialmente autodidatas, famintas de aprender e explorar por conta própria. A maioria das crianças passará por muitos estágios nesse processo e precisará de mais ou menos estrutura, mais ou menos liberdade em períodos distintos.

A assimilação voraz, imitando vários modelos mesmo não sendo criativa, costuma prenunciar a criatividade futura. Arte, música, filme e literatura, tanto quanto fatos e informações, podem fornecer um tipo especial de educação, que Arnold Weinstein chama de "uma imersão vicária na vida de outras pessoas, que nos dota de novos ouvidos e olhos".

Na minha geração, essa imersão se dava principalmente com a leitura. Em 2002, Susan Sontag falou em uma conferência sobre como a leitura abriu-lhe um mundo totalmente novo quando ela era muito jovem e ampliou sua imaginação e memória muito além dos limites de sua experiência pessoal imediata da realidade. Ela recordou:

> Aos cinco ou seis anos, li a biografia de Marie Curie escrita por sua filha, Eve Curie. Eu lia história em quadrinhos, dicionários e enciclopédias indiscriminadamente, e com grande prazer. [...] Sentia que, quanto mais eu absorvia, mais forte me tornava, maior ficava o mundo. [...] Acho que, desde o começo, fui uma estudante de talento extraordinário, uma aprendiz de talento extraordinário, uma criança esplendidamente autodidata. [...] Isso é criativo? Não, não era criativo [...], [mas] não impediu que a criatividade surgisse mais tarde. [...] Eu estava me empanturrando em vez de criar. Era uma viajante mental, uma glutona mental. [...] Minha infância, separada de minha vida real tão infeliz, era só uma carreira no êxtase.

O que mais chama a atenção no relato de Sontag (e em narrativas semelhantes sobre protocriatividade) é a energia, a fome voraz, o entusiasmo, o amor com que a mente jovem vai atrás daquilo que a nutre, busca modelos intelectuais ou outros, aprimora suas habilidades pela imitação.

Ela assimilou um vasto conhecimento sobre outras épocas e lugares, sobre as variedades da natureza e experiência humana, e essas perspectivas tiveram um papel importantíssimo para incentivá-la a escrever:

> Comecei a escrever por volta dos sete anos. Criei um jornal aos oito: preenchia-o com histórias e poemas, peças e artigos, e os vendia aos vizinhos por cinco centavos. Tenho certeza de que ele era muito trivial e convencional, e de que era composto, influenciado, apenas por coisas que eu estava lendo. [...] Naturalmente havia modelos, havia um panteão dessas pessoas. [...] Se eu estivesse lendo os contos de Poe, escrevia um conto nos moldes de Poe. Quando eu tinha dez anos, caiu-me nas mãos uma peça sobre robôs havia muito tempo esquecida, do autor Karel Čapek, *R. U. R.*, então escrevi uma peça sobre robôs. Mas ela era totalmente derivada. Tudo o que eu via, eu amava; e tudo o que eu amava, queria imitar — essa não é necessariamente a estrada real para a verdadeira inovação ou criatividade; mas também, na minha opinião, não a impede. [...] Comecei a ser uma escritora de verdade aos treze anos.

A inteligência e criatividade prodigiosas e precoces de Susan Sontag permitiram que ela pulasse para a "verdadeira" autoria na adolescência, mas para a maioria das pessoas o período de imitação e aprendizado, de estudo, é bem mais longo. É uma fase na qual a pessoa se esforça para encontrar suas próprias habilidades, sua própria voz. É tempo de praticar, repetir, dominar e aperfeiçoar habilidades e técnicas.

Alguns, depois de passar por esse aprendizado, permanecem no nível do domínio técnico sem jamais ascender à criatividade grandiosa. E pode ser difícil de avaliar, mesmo à distância, quando se dá o salto do trabalho talentoso mas derivado para a inovação importante. Onde traçamos o limite entre influência e imitação? O que distingue a assimilação, uma densa mescla de apropriação e experiência, do mero arremedo?

O termo "arremedo" pode implicar algum grau de consciência ou intenção, mas imitar, ecoar ou reproduzir são propensões psicológicas (e até fisiológicas) universais que vemos em todo ser humano e em muitos animais (daí os termos "papaguear" e "macaquear"). Se você mostrar a língua a um bebê, ele reproduzirá esse comportamento, mesmo antes de ter adquirido o controle adequado de seus membros ou de possuir uma boa noção de sua imagem corporal — e esse tipo de imitação continua a ser um modo de aprendizado importante por toda a vida.

Merlin Donald, em seu livro *Origens do pensamento moderno*, vê a "cultura mimética" como uma fase crucial na evolução da cultura e cognição. Ele faz uma distinção clara entre arremedo, imitação e mimese:

> O arremedo é literal, uma tentativa de produzir uma duplicata o mais exata possível. Assim, a reprodução exata de uma expressão facial, ou a duplicação exata do som de outra ave por um papagaio, é um arremedo. [...] A imitação não é tão literal quanto o arremedo; um filho, quando copia o comportamento do pai, imita, mas não arremeda o jeito como o pai faz as coisas. [...] A mimese adiciona uma dimensão representativa à imitação. Em geral, incorpora o arremedo e a imitação a um fim superior, o de reencenar e representar um evento ou relação.

O arremedo, segundo Donald, é visto em muitos animais; a imitação, em macacos e grandes primatas não humanos; a mimese, apenas no ser humano. Mas todos os três podem coexistir e sobrepor-se em nós: uma representação num palco, uma produção, podem ter elementos desses três processos.

Em certas condições neurológicas, os poderes do arremedo e reprodução acabam sendo magnificados, ou talvez menos inibidos. Pessoas com síndrome de Tourette ou autismo, ou com certos tipos de lesão no lobo frontal, por exemplo, podem ser incapazes de inibir uma reprodução involuntária da fala ou ações de outra pessoa; também podem reproduzir sons, inclusive sons sem significado que elas ouvem no ambiente. Em *O homem que confundiu sua mulher com um chapéu,* descrevo uma mulher com síndrome de Tourette que, enquanto andava na rua, reproduzia ou imitava os radiadores "denteados" dos carros, as formas de forca dos postes de iluminação e os gestos e o andar de todos os passantes — frequentemente exagerando de um modo caricaturesco.

Alguns *savants* autistas têm capacidades excepcionais de captar, criar e reproduzir imagens visuais. É o caso de Stephen Wiltshire, que descrevo em *Um antropólogo em Marte*. Stephen é um *savant* visual com grande talento para captar a semelhança visual. Não importa se ele a gera com base no que vê de imediato na vida real ou muito tempo depois — percepção e memória, aqui, parecem quase indistinguíveis. Ele também tem um ouvido incrível. Quando criança, reproduzia ruídos e palavras, aparentemente sem intenção ou consciência de que o fazia. Na adolescência, ao retornar de uma viagem ao Japão, continuou a emitir ruídos "japoneses", a tagarelar em pseudojaponês e a fazer gestos nipônicos. Ele consegue imitar o som de qualquer instrumento musical que ouve e tem memória musical muito acurada. Fiquei assombrado quando o vi imitar, aos dezesseis anos, Tom Jones cantando e dançando "It's Not Unusual", com o mesmo rebolado, os movimentos de dança, os gestos, tudo isso segurando um microfone imaginário diante da boca. Naquela idade, Stephen não costumava demonstrar emoções e apresentava muitas das manifestações exteriores do autismo clássico, como pescoço oblíquo, tiques e olhar indireto; mas tudo isso desaparecia quando ele cantava a música de Tom Jones — até cheguei a pensar que, por alguma razão misteriosa, ele tinha ido além do arremedo e compartilhado realmente a emoção e sensibilidade da música. Lembrei-me de um garoto autista que conheci no Canadá, capaz de saber de cor um programa de televisão inteiro e "reprisá-lo" dezenas de vezes por dia, com todas as vozes e gestos, inclusive o som dos aplausos. Interpretei isso como uma espécie de automatismo ou reprodução superficial, mas a performance de Stephen deixou-me intrigado, pensativo. Será que ele, ao contrário do garoto canadense, passara do arremedo à criatividade ou arte? Estaria transmitindo as emoções e a sensibilidade da música de um modo consciente e intencional ou só reproduzindo — ou algum ponto intermediário entre esses dois extremos?*

---

* Nas pessoas com autismo ou retardo mental que têm síndrome de *savant*, as capacidades de retenção e reprodução podem ser prodigiosas, porém em geral elas retêm o material com indiferença, como algo externo. Langdon Down, que identificou a síndrome de Down em 1862, escreveu sobre um menino *savant* que "quando lia um livro, era capaz de lembrar-se dele para sempre". Uma ocasião, Down deu ao menino um exemplar de *Declínio e queda do Império Romano*, de Gibbon. O garoto leu e recitou a obra fluentemente, mas sem compreensão alguma, e na página 3 pulou uma

Outro *savant* autista, José (que também descrevo em *O homem que confundiu sua mulher com um chapéu*), costumava ser comparado a uma máquina copiadora pelo pessoal do hospital. É uma comparação injusta e insultante, além de incorreta, pois a retentividade da memória de um *savant* não é como um processo mecânico: existe discriminação e reconhecimento de características visuais, características da fala, particularidades de gestos etc. Porém, em certa medida, o "significado" dessas características e particularidades não é totalmente incorporado, e é isso que faz a memória do *savant* parecer comparativamente mecânica para o resto de nós.

A imitação, que tem um papel fundamental nas artes cênicas, onde a prática, a repetição e o ensaio incessantes são imprescindíveis, também é importante na pintura e na composição musical e escrita, por exemplo. Todos os artistas jovens buscam modelos durante seus anos de aprendizado, modelos cujos estilos, domínio técnico e inovações possam ensiná-los. Jovens pintores gostam de frequentar as galerias do Met ou do Louvre, jovens compositores vão a concertos ou estudam partituras. Nesse sentido, toda arte começa como "derivada": é fortemente influenciada pelos modelos admirados e emulados, ou até diretamente imitados ou parafraseados.

Quando Alexander Pope tinha treze anos, pediu conselhos a William Walsh, um poeta mais velho que o fascinava. O conselho de Walsh foi: seja "correto". Pope interpretou isso como uma recomendação de que ele primeiro adquirisse o domínio das formas e técnicas da poesia. Com esse objetivo, em suas *Imitações de poetas ingleses*, Pope começou imitando Walsh, depois Cowley, o conde de Rochester e figuras mais eminentes como Chaucer e Spenser, além de compor *Paráfrases* — como ele as

---

linha, mas voltou e corrigiu-se. "Depois disso, toda vez que ele recitava de memória os imponentes parágrafos de Gibbon, ao chegar na terceira página ele pulava aquela linha e voltava para corrigir o erro, com regularidade, como se aquilo fosse parte do texto", Down escreveu.

chamava — de poetas que escreviam em latim. Aos dezessete anos, ele já dominava o dístico heroico e começou a escrever *Pastorais* e outros poemas, nos quais ele desenvolveu e aprimorou seu próprio estilo, mas contentava-se com temas mais insípidos ou batidos. Só quando já tinha adquirido o domínio total de seu estilo e forma ele passou a imbuí-los dos produtos refinados — e às vezes aterradores — de sua imaginação. Talvez, para a maioria dos artistas, essas fases ou processos sejam acentuadamente coincidentes, mas a imitação e o domínio da forma ou das habilidades têm de vir antes da criatividade maior.

No entanto, mesmo com anos de preparação e mestria consciente, nem sempre um grande talento concretiza sua aparente promessa.* Muitos criadores — artistas, cientistas, cozinheiros, professores, engenheiros —, depois de atingirem um certo nível de habilidade, contentam-se em permanecer com uma forma ou em agir nos limites dela, pelo resto da vida, e nunca mais produzem algo radicalmente novo. Seu trabalho ainda pode revelar mestria e até virtuosismo, encantando o público mesmo se não der mais um passo em direção à criatividade "maior".

Há muitos exemplos de criatividade "menor", a criatividade que parece não mudar muito de caráter depois de sua expressão inicial. *Um estudo em vermelho*, o primeiro livro de Conan Doyle sobre Sherlock Holmes, lançado em 1887, foi uma realização notável: nunca antes alguém escrevera uma "história de detetive" como essa.** *As aventuras de Sherlock Holmes*, publicado cinco anos depois, foi um sucesso estrondoso, e Conan Doyle viu-se aclamado como um escritor com uma série potencialmente inesgotável. Isso o encantou, por um lado, mas por

---

* Em sua autobiografia, *Ex-prodigy*, Norbert Wiener — que entrou em Harvard aos catorze anos para fazer seu doutorado e continuou a ser um prodígio por toda a vida — discorre sobre William James Sidis, um contemporâneo dele. Sidis (que recebeu o nome de seu padrinho, William James) foi um matemático poliglota brilhante, admitido em Harvard aos onze anos; mas, aos dezesseis, talvez oprimido pelas demandas de sua genialidade e da sociedade, desistiu da matemática e se retirou da vida pública e acadêmica.

** Havia os contos de Poe sobre Dupin (*Assassinatos na rua Morgue*, por exemplo), mas eles não tinham nada da qualidade pessoal, da caracterização elaborada de Holmes e Watson.

outro o desagradou, pois ele gostaria de escrever também romances históricos, só que nestes o público não demonstrava muito interesse. Queriam Holmes e mais Holmes, e Doyle tinha de atendê-los. Depois que ele matou Holmes em "O problema final", fazendo seu detetive despencar nas cataratas Reichenbach em um combate mortal com Moriarty, o público exigiu que o ressuscitasse, o que Doyle fez em 1905 em *O retorno de Sherlock Holmes*.

Não se veem grandes avanços no método, na mente ou no caráter de Holmes; ele não parece envelhecer. Entre um caso e outro, o próprio Holmes quase não existe — ou melhor, existe em um estado regressivo, arranhando seu violino, usando cocaína, fazendo experimentos químicos malcheirosos — até ser convocado a agir no próximo caso. As histórias dos anos 1920 poderiam ter sido escritas nos anos 1890, e as dos anos 1890 não ficariam deslocadas em um período posterior. A Londres de Holmes é tão imutável quanto o homem: ambos são retratados, brilhantemente e de modo definitivo, nos anos 1890. O próprio Doyle, em seu prefácio de 1928 a *Sherlock Holmes: The Complete Short Stories,* diz que os leitores podem ler os contos "em qualquer ordem".

Por que, de cada cem jovens músicos talentosos que estudam na Juilliard, ou de cada cem jovens cientistas brilhantes que vão trabalhar em laboratórios importantes sob a orientação de mentores ilustres, apenas um punhado irá produzir composições musicais memoráveis ou fazer descobertas científicas fundamentais? Será que a maioria, apesar de seus dons, carece de alguma centelha criativa adicional? Será que lhes faltam características além da criatividade que talvez sejam essenciais para a realização criativa, por exemplo, audácia, confiança, pensamento independente?

É preciso uma energia especial, muito além do potencial criativo, uma audácia ou subversividade especial para uma pessoa decolar em uma nova direção depois de já ter se estabelecido.

É uma aposta, como devem ser todos os projetos criativos, pois nem toda nova direção acaba sendo produtiva.

A criatividade envolve não só anos de preparação e treinamento conscientes, mas também de preparação inconsciente. Esse período de incubação é essencial para permitir que o subconsciente assimile e incorpore as influências e fontes, que as reorganize e as sintetize em algo pessoal. Na abertura de *Rienzi,* de Wagner, quase podemos identificar todo esse processo. Há ecos, imitações, paráfrases, pastiches de Rossini, Meyerbeer, Schumann e outros — todas as influências musicais de seu aprendizado. E então, de súbito, ouvimos a voz de Wagner: potente, extraordinária (ainda que horrível, na minha opinião), uma voz genial, sem precedentes nem antecedentes. O elemento essencial nessas esferas da retenção e apropriação *versus* assimilação e incorporação é a profundidade, o significado, o envolvimento ativo e pessoal.

No começo de 1982 recebi um pacote inesperado, enviado de Londres. Continha uma carta de Harold Pinter e o manuscrito de uma nova peça, *Uma espécie de Alasca,* que ele disse ter sido inspirada em um dos casos que relatei em *Tempo de despertar.* Na carta, Pinter conta que leu meu livro quando foi lançado em 1973 e imediatamente se pôs a pensar nos problemas que poderiam ser encontrados em uma representação dramática do que eu descrevia. Como não descobriu nenhuma solução pronta, ele esqueceu o assunto. Certa manhã, oito anos depois, segundo a carta, ele acordou com a primeira imagem e a primeira fala ("Está acontecendo alguma coisa"), muito claras e prementes em sua cabeça. A peça, então, "escreveu a si mesma" nos dias e semanas seguintes.

Não pude evitar o contraste com uma peça (inspirada pelo mesmo relato) que me fora enviada quatro anos antes. Nesta, o autor, em uma carta anexa, disse que lera *Tempo de despertar* dois meses antes e fora tão "influenciado", tão possuído pela obra que se sentiu compelido a escrever um enredo imediatamente. Se eu me encantei com a peça de Pinter — sobretudo pela profunda transformação, pela "pinterização" dos meus temas —, achei que a peça de 1978 era uma derivação tosca, pois em alguns trechos copiava sentenças inteiras do meu livro sem ao menos transformá-las. Pareceu-me um plágio ou paródia, em vez de uma peça original (apesar de não haver dúvida quanto à "obsessão" ou boa-fé do autor).

Eu não sabia o que pensar. Será que o autor era muito preguiçoso, ou muito carente de talento ou originalidade, para fazer a transformação necessária da minha obra? Ou será que o problema tinha sido apenas de incubação, porque ele não se permitira um tempo suficiente para absorver a experiência da leitura de *Tempo de despertar*? Ele também não se permitira, como Pinter, um tempo para esquecê-la, deixar que ela caísse em seu subconsciente e se ligasse a outras experiências e ideias.

Todos nós, em algum grau, fazemos empréstimos de terceiros, da cultura à nossa volta. As ideias estão no ar, e nos apropriamos, muitas vezes sem perceber, de frases e da linguagem da época. A própria língua é emprestada: não a inventamos. Nós a descobrimos, crescemos nela, ainda que possamos usá-la, interpretá-la de modos muito individuais. O que está em questão não é "emprestar" ou "imitar", ser "derivado", ser "influenciado", e sim o que se faz com aquilo que é tomado de empréstimo ou derivado, a profundidade em que a pessoa assimila, absorve, combina com suas próprias experiências, pensamentos e sentimentos, situa em relação a si mesma e expressa de um novo modo, o seu modo particular.

Tempo, "esquecimento" e incubação são igualmente necessários para que uma grande descoberta científica ou matemática possa acontecer. O famoso matemático Henri Poincaré conta em sua autobiografia que lutou com um problema matemático particularmente difícil e ficou frustrado ao extremo por não conseguir avançar.* Decidiu dar-se um descanso, partiu em uma excursão

---

* Jacques Hadamard descreve esse caso em *The Psychology of Invention in the Mathematical Field*.

geológica e, nessa viagem, afastou-se daquele problema matemático. Um belo dia, porém, ele escreveu:

> entramos em um ônibus para ir a algum lugar. No momento em que pisei no degrau, veio-me a ideia, sem que nada do que eu estivesse pensando anteriormente parecesse ter aberto o caminho para ela, de que as transformações que eu tinha usado para definir as funções fuchsianas eram idênticas às da geometria não euclidiana. Não conferi a ideia; eu não teria tido tempo, estava [...] no meio de uma conversa, mas senti uma certeza absoluta. Quando voltei para Caen, por desencargo de consciência, conferi o resultado sem pressa.

Algum tempo depois, "revoltado" por não conseguir resolver outro problema, ele foi para o litoral, e lá, escreveu: "certa manhã, quando caminhava pela ribanceira, surgiu-me a ideia, com as mesmas características de brevidade, subitaneidade e certeza imediata, de que as transformações aritméticas de formas quadráticas ternárias indefinidas eram idênticas às da geometria não euclidiana".

Parecia claro, como Poincaré escreveu, que tinha de existir uma atividade inconsciente (ou subconsciente, ou pré-consciente) ativa e intensa durante o período em que um problema se perde para o pensamento consciente e a mente está vazia ou distraída com outras coisas. Não se trata do inconsciente dinâmico ou "freudiano", fervilhante de medos e desejos reprimidos, nem do inconsciente "cognitivo", que nos permite dirigir um carro ou proferir uma sentença gramaticalmente correta sem uma ideia consciente de como fazê-lo. Trata-se da incubação de problemas imensamente complexos por um eu criativo inteiramente oculto. Poincaré louva esse eu inconsciente: "Ele não é puramente automático; é capaz de discernimento; [...] sabe escolher, predizer. [...] Sabe predizer melhor do que o eu consciente, pois é bem-sucedido quando este último fracassou".

Às vezes, o afloramento repentino da solução de um problema incubado há muito tempo ocorre durante um sonho, ou em um estado de consciência parcial como aquele que tendemos a experimentar imediatamente antes de adormecer ou acordar, com a estranha liberdade de pensamento e, ocasionalmente, as imagens quase alucinatórias que nos vêm nesses momentos.

Poincaré conta que uma noite, quando estava nessa espécie de estado crepuscular, ele pareceu ver ideias em movimento, como moléculas de gás, que de vez em quando colidiam ou emparelhavam-se, acoplando-se para formar ideias mais complexas — uma visão rara (embora outros tenham descrito visões semelhantes, sobretudo em estados induzidos por drogas) do inconsciente criativo geralmente invisível.

E Wagner faz uma descrição vívida de como lhe ocorreu a introdução orquestral de *O ouro do Reno*, após uma longa espera, quando ele também estava em um estranho estado crepuscular, quase alucinatório:

> Depois de passar uma noite febril e insone, forcei-me no dia seguinte a fazer uma longa caminhada por um terreno íngreme, coberto de pinheiros. [...] À tarde, voltei e me deitei em um sofá duro, morto de cansaço. [...] Caí numa espécie de sonolência e, de repente, senti que estava afundando nas águas de uma corredeira veloz. O som da água transformou-se em meu cérebro num som musical, o acorde de mi bemol maior, que continuou a ecoar em formas interrompidas; essas formas interrompidas pareciam ser passagens melódicas de movimento crescente, porém a tríade pura de mi bemol maior nunca mudava, e parecia, com sua continuidade, imbuir de um significado infinito o elemento no qual eu estava afundando. [...] Imediatamente reconheci que a abertura orquestral d'*O ouro do Reno*, que devia ter estado latente em mim por muito tempo [...], finalmente me fora revelada.*

Será que, com algum exame de imagem funcional do cérebro ainda não inventado, poderíamos distinguir entre os arreme-

---

* Existem muitas histórias semelhantes, algumas icônicas, outras, talvez, mitificadas, sobre descobertas científicas que apareceram subitamente em sonhos. Dizem que o grande químico russo Mendeleiev descobriu a tabela periódica em um sonho e, assim que acordou, escreveu depressa a sua visão em um envelope. O envelope existe, e essa história até pode ser verdadeira. No entanto, ela dá a impressão de que esse rompante genial surgiu do nada, quando, na realidade, Mendeleiev vinha refletindo sobre o assunto, consciente e inconscientemente, fazia no mínimo nove anos, desde a conferência de 1860 em Karlsruhe. Ele claramente estava obcecado pelo problema, e passava longas horas durante viagens de trem pela Rússia com um baralho especial no qual escrevera cada elemento e seu peso atômico, jogando o que ele chamava de "paciência química": ele embaralhava, ordenava e reordenava os elementos. Mas, quando a solução finalmente lhe ocorreu, foi em um momento no qual ele não estava tentando conscientemente encontrá-la.

dos ou imitações de um *savant* autista e as transformações conscientes profundas e as do inconsciente de um Wagner? Será que, neurologicamente, a memória literal difere da memória profunda, proustiana? Será que alguém conseguiria demonstrar que algumas memórias parecem ter pouco efeito sobre o desenvolvimento e a circuitaria do cérebro, que algumas memórias traumáticas permanecem ativas, perseverantes mas imutáveis, enquanto outras se tornam integradas e levam a mudanças profundas e criativas no cérebro?

Tenho a impressão de que a criatividade — o estado em que as ideias parecem organizar-se em um fluxo rápido e fortemente coeso, surgindo com uma sensação de gloriosa clareza e significado — é fisiologicamente distinta, e acho que, se tivéssemos como obter imagens suficientemente refinadas do cérebro, elas mostrariam uma atividade incomum e generalizada, com inúmeras conexões e sincronizações.

Às vezes, quando estou escrevendo, os pensamentos parecem organizar a si mesmos em uma sucessão espontânea e vestir-se instantaneamente com as palavras apropriadas. Sinto que sou capaz de contornar e transcender grande parte da minha personalidade, das minhas neuroses. Ao mesmo tempo em que não sou eu, é a parte mais íntima de mim, com certeza a melhor parte de mim.

UMA SENSAÇÃO GENERALIZADA DE DESORDEM

Nada é mais crucial para a sobrevivência e a independência dos organismos — sejam elefantes ou protozoários — do que manter um ambiente interno constante. O grande fisiologista francês Claude Bernard escreveu a frase definitiva sobre essa questão nos anos 1850: "La fixité du milieu intérieur est la condition de la vie libre".* A manutenção dessa constância é chamada de *homeostase*. Os princípios da homeostase são relativamente simples, mas milagrosamente eficientes, no nível celular, onde bombas de íons nas membranas celulares permitem que o interior químico das células permaneça constante, independentemente de quaisquer vicissitudes do ambiente externo. Já para assegurar a homeostase em organismos multicelulares — animais e seres humanos, em especial —, são necessários sistemas de monitoração mais complexos.

A regulação homeostática é obtida graças ao desenvolvimento de células nervosas especiais e redes nervosas (ou plexos) espalhadas pelo nosso corpo, e também graças a meios químicos diretos (hormônios, por exemplo). Essas células nervosas dispersas e plexos organizam-se em um sistema ou confederação que, em grande medida, funciona autonomamente — daí seu nome, sistema nervoso autônomo. O sistema nervoso autônomo só veio a ser reconhecido e estudado no começo do século XX, ao passo que muitas das funções do sistema nervoso central, especialmente do cérebro, já haviam sido minuciosamente mapeadas

* "A constância do meio interno é a condição da vida livre." (N. T.)

no século XIX. Temos aqui um paradoxo, pois o sistema nervoso autônomo evoluiu muito antes do sistema nervoso central.

Houve (e em grande medida ainda há) evoluções independentes, bem diferentes na organização e na formação. Os sistemas nervosos centrais, juntamente com músculos e órgãos, evoluíram de forma a permitir aos animais lidar com seu ambiente — procurar alimento, caçar, conseguir parceiros para a reprodução, evitar inimigos ou lutar com eles etc. O sistema nervoso central, junto com o sistema proprioceptivo, diz ao indivíduo quem ele é e o que está fazendo. O sistema nervoso autônomo, que monitora dia e noite cada órgão e tecido do corpo, diz ao indivíduo *como* ele está. (Curiosamente, o cérebro não possui órgãos dos sentidos, e é por isso que uma pessoa pode ter graves distúrbios cerebrais e não sentir nenhum mal-estar. Ralph Waldo Emerson, por exemplo, que apresentou sintomas do mal de Alzheimer na casa dos sessenta anos, respondeu quando lhe perguntaram como ele estava: "Perdi minhas faculdades mentais, mas estou passando muito bem".)*

No começo do século XX foram reconhecidas duas divisões gerais do sistema nervoso autônomo: uma parte "simpática" que, ao aumentar o débito cardíaco, aguçar os sentidos e tensionar os músculos, prepara um animal para a ação (em situações extremas, por exemplo, de lutar ou fugir para salvar a vida); e o oposto correspondente, uma parte "parassimpática", que aumenta a atividade dos elementos de "manutenção" do corpo (intestinos, rins, fígado etc.), desacelerando o coração e promovendo o relaxamento e o sono. Essas duas porções do sistema nervoso autônomo normalmente trabalham com uma feliz reciprocidade; por isso, aquela deliciosa sonolência pós-prandial quando fazemos uma refeição pesada não é o momento de apostar uma corrida ou de entrar numa briga. Quando as duas partes do sistema nervoso autônomo trabalham juntas em harmonia, nos sentimos "bem" ou "normais".

Quem escreveu mais eloquentemente sobre esse tema foi António Damásio, em seu livro *O mistério da consciência* e em

---

* David Shenk descreve elegantemente esse episódio em seu livro *The Forgetting*.

muitos livros e artigos subsequentes. Damásio fala em uma "consciência central", o sentimento básico de *como estamos,* que por fim se torna um sentimento vago, implícito, de consciência.* É sobretudo quando algo está errado internamente — quando a homeostase não está sendo mantida, quando o equilíbrio automático passa a adernar acentuadamente para um lado ou para o outro — que essa consciência central, o sentimento de *como estamos,* adquire uma qualidade intrusiva, desagradável, e então dizemos: "Estou me sentindo mal, alguma coisa está errada". Nesses momentos, até nossa *aparência* revela o mal-estar.

Um exemplo é a enxaqueca, uma espécie de doença prototípica, muitas vezes bem desagradável, mas transitória e autolimitada, benigna no sentido de que não causa a morte nem danos sérios e de que não é associada a danos em tecidos, traumas ou infecções. A enxaqueca contém, em miniatura, as características essenciais de *estar doente* — de ter problemas no interior do corpo — sem ser uma doença real.

Quando me mudei para Nova York, há quase cinquenta anos, os primeiros pacientes que atendi sofriam com crises de enxaqueca — enxaqueca comum, assim chamada porque afeta no mínimo 10% da população. (Eu mesmo tenho sofrido esses tipos de crise durante toda a vida.) Atender esses pacientes, tentar entendê-los e ajudá-los, foi o meu aprendizado em medicina e ensejou meu primeiro livro, *Enxaqueca.*

Embora existam muitas (e fico tentado a dizer inúmeras) apresentações possíveis da enxaqueca comum — em meu livro descrevo quase cem delas — seu prenúncio mais frequente pode ser apenas uma sensação indefinível, mas inegável, de que *alguma coisa está errada.* Isso foi exatamente o que Emil du Bois-Reymond observou em 1860, quando descreveu suas crises de enxaqueca. "Acordo com uma sensação generalizada de desordem", ele escreveu.

O que ele sentia (sofria crises de enxaqueca a cada três ou quatro semanas desde seus vinte anos) era "uma leve dor na re-

---

* Ver também António Damásio e Gil B. Carvalho, "The Nature of feelings: Evolutionary and Neurobiological Origins", 2013.

gião da têmpora direita, que [...] chega ao auge da intensidade ao meio-dia; ao anoitecer, geralmente passa. [...] Em repouso, a dor é suportável, mas se torna muito violenta com o movimento. [...] Ela responde a cada pulsação da artéria temporal". Além disso, Du Bois-Reymond sofria uma transformação em sua aparência durante a enxaqueca: "O rosto fica pálido e encovado, o olho direito pequeno e avermelhado". Durante crises violentas ele tinha náuseas e "desarranjo gástrico". A "sensação generalizada de desordem", que tão frequentemente inicia as enxaquecas, pode continuar e agravar-se progressivamente no decorrer da crise; alguns pacientes com sintomas mais graves são obrigados a deitar-se, atordoados e impotentes, sentem-se meio mortos ou até, nesses momentos, pensam que seria preferível morrer.*

Cito a autodescrição de Du Bois-Reymond, como faço no começo de *Enxaqueca,* em parte por sua precisão e beleza (coisa comum nas descrições neurológicas do século XIX, mas hoje uma raridade), mas principalmente porque ela é *exemplar* — todos os casos de enxaqueca variam, mas são, por assim dizer, permutações desse.

Os sintomas vasculares e viscerais de enxaqueca são típicos da atividade parassimpática irrefreada, mas podem ser precedidos por um estado fisiológico oposto. O indivíduo pode sentir-se cheio de energia, eufórico até, por algumas horas *antes* da enxaqueca — [a escritora] George Eliot disse que, nessas ocasiões, sentia-se "perigosamente bem". Analogamente, às vezes ocorre, sobretudo quando o sofrimento é muito intenso, um "rebote" *depois* de uma enxaqueca. Isso era bem claro com um de meus pacientes (o Caso 68 descrito em *Enxaqueca*), um jovem matemático que sofria com crises severas de enxaqueca. Para ele, a resolução de uma enxaqueca, acompanhada pela eliminação de uma quantidade colossal de urina clara, sempre era seguida por

---

* Areteu, no século II, observou que os pacientes nesse estado "estão cansados da vida e desejosos de morrer". Tais sentimentos, embora possam decorrer de um desequilíbrio autonômico ou estar correlacionados a este, têm de estar ligados às partes "centrais" do sistema nervoso autônomo onde se faz a mediação de sentimentos, humor, sensibilidade e consciência (central) — o tronco cerebral, o hipotálamo, a amígdala e outras estruturas subcorticais.

um surto de raciocínio matemático original. Descobrimos que "curar" suas enxaquecas "curava" sua criatividade matemática, e ele escolheu, diante dessa estranha economia de corpo e mente, ficar com ambas.

Embora esse seja o padrão geral de uma enxaqueca, podem ocorrer flutuações que mudam rapidamente, além de sintomas contraditórios — uma sensação que muitos pacientes descrevem como "perturbação". Nesse estado perturbado (como escrevo em *Enxaqueca*), "a pessoa pode sentir frio ou calor, ou ambas as coisas [...], inchaço ou compressão, diarreia e náusea, uma tensão esquisita ou langor, ou as duas coisas [...] várias tensões e incômodos, que chegam e passam".

De fato, tudo chega e passa, e se nesses momentos pudéssemos fazer uma tomografia ou uma fotografia interna do corpo, veríamos um abre e fecha de leitos vasculares, aceleração e desaceleração do peristaltismo, contorção ou retesamento de vísceras em espasmos, súbitos aumentos ou diminuições de secreções, como se o sistema nervoso estivesse em um estado de indecisão. Instabilidade, flutuação e oscilação são a essência do estado perturbado, dessa sensação generalizada de desordem. Perdemos a sensação normal de "bem-estar" que todos nós, e talvez todos os animais, temos quando estamos sadios.

Se o fato de lembrar dos meus primeiros pacientes estimulou novos pensamentos sobre doença e restabelecimento, uma experiência pessoal bem diferente que tive há poucas semanas trouxe novo relevo a essas reflexões.

Na segunda-feira, 16 de fevereiro de 2015, eu podia dizer que me sentia bem, em meu estado de saúde habitual — pelo menos com a saúde e a energia que um octogenário razoavelmente ativo pode esperar —, e isso apesar de ter sido informado, um mês antes, que boa parte do meu fígado estava tomada por um câncer metastático. Foram sugeridos vários tratamentos paliativos — tratamentos que poderiam reduzir a carga de metástases no fígado e me permitir alguns meses adicionais de vida. Optei por tentar primeiro um procedimento no qual meu cirurgião, um radiologista intervencionista, introduziria um cateter até a bifurcação da artéria hepática e então injetaria uma massa de minúsculas contas na artéria hepática direita, onde elas seriam levadas até as menores arteríolas e as bloqueariam, para cortar o suprimento de sangue e oxigênio necessário às metástases; estas seriam, então, privadas de sustento e morreriam asfixiadas. (Meu cirurgião, com seu talento para metáforas vívidas, comparou isso a matar ratos no porão ou, em uma imagem mais agradável, a capinar os dentes-de-leão no gramado do jardim de trás da casa.) Se essa embolização se mostrasse eficaz e fosse tolerada, poderia então ser feita, dentro de mais ou menos um mês, do outro lado do fígado (os dentes-de-leão no gramado do jardim da frente).

Esse procedimento, apesar de ser relativamente benigno, causaria a morte de uma massa enorme de células de melanoma (quase 50% do meu fígado estava tomado por metástases). Quando elas morressem, liberariam diversas substâncias nocivas e causadoras de dor, e teriam de ser removidas, pois toda matéria morta precisa ser removida do corpo. Essa imensa tarefa de livrar-se do lixo ficaria a cargo das células do sistema imune — os macrófagos — que são especializadas em envolver material estranho ou morto no corpo. Meu cirurgião sugeriu que eu as imaginasse como minúsculas aranhas, milhões ou talvez bilhões delas, correndo dentro do meu corpo, embrulhando o entulho de melanoma. Tamanho trabalho celular iria requerer toda a minha energia, por isso eu sentiria um cansaço como nunca experimentara na vida, sem falar em dor e outros problemas.

Ainda bem que me avisaram, pois no dia seguinte (terça-feira, dia 17), pouco depois de acordar da anestesia geral necessária para a embolização, fui acometido por um cansaço esmagador e por paroxismos de sono tão abruptos que me derrubavam no meio de uma sentença ou de uma garfada de comida, ou quando amigos que tinham vindo me visitar conversavam ou riam alto a menos de um metro da minha cama. De quando em quando, eu era dominado pelo delírio em segundos, mesmo quando estava escrevendo. Eu me sentia tremendamente prostrado, inerte; às vezes ficava sentado, imóvel, até que dois ajudantes me punham em pé e me levavam para andar. Em repouso, a dor parecia tolerável, mas um movimento involuntário, um espirro ou soluço, produziam uma explosão dolorosa, uma espécie de orgasmo às avessas, apesar de eu estar sendo mantido com uma infusão endovenosa contínua de narcóticos, como todo paciente pós-embolização. Essa infusão massiva de narcóticos interrompeu toda a atividade intestinal por quase uma semana, por isso tudo o que eu comia — sem apetite, mas era preciso "me alimentar", como recomendavam os enfermeiros — ficava retido dentro de mim.

Outro problema, não raro depois da embolização de uma porção substancial do fígado, foi a liberação de HAD, o hormônio antidiurético, que causou uma enorme acumulação de líquido em meu corpo. Meus pés incharam tanto que nem pareciam ser pés, e ganhei um grosso pneu de edema em volta do tronco. Essa "hiperidratação" gerou uma queda dos níveis de sódio no sangue, o que provavelmente contribuía para meus delírios. Com tudo isso, além de vários outros sintomas — minha regulação da temperatura era instável, ora tinha frio, ora muito calor —, eu me sentia péssimo. Era uma "sensação generalizada de desordem" elevada a um grau quase infinito. Eu só pensava que, se dali por diante eu tivesse que me sentir assim, preferia estar morto.

Permaneci hospitalizado por seis dias depois da embolização, depois voltei para casa. Embora ainda me sentisse pior do que em qualquer outro momento da vida, a cada dia eu ia melhorando aos pouquinhos, bem aos pouquinhos (e todo mundo me dizia, como em geral se diz para os doentes, que eu estava "com uma cara ótima"). Ainda sofria paroxismos súbitos e avassaladores de sono, mas me forçava a trabalhar, corrigia as provas da minha autobiografia (apesar de adormecer no meio de uma sentença, quando, ainda de caneta na mão, a cabeça caía na mesa). Esses dias pós-embolização teriam sido difíceis de suportar sem esse trabalho (que era também uma alegria).

No décimo dia, transpus uma fronteira. De manhã senti-me péssimo, como sempre, mas de tarde eu era uma pessoa completamente diferente. Foi maravilhoso, além de inesperado: não tinha havido nenhum indício de que estava prestes a acontecer uma transformação assim. Recobrei um pouco do apetite, o intestino voltou a funcionar, e em 28 de fevereiro e 1º de março tive uma enorme e deliciosa diurese — perdi sete quilos em dois dias. De repente me vi cheio de energia física e criativa, e com uma euforia que beirava a hipomania. Andava de um lado para outro no corredor do apartamento com a mente fervilhando de pensamentos exuberantes.

Não sei quanto disso representava um restabelecimento do equilíbrio corporal, um rebote autonômico depois de uma depressão autonômica profunda, outros fatores fisiológicos ou o puro prazer de escrever. Mas desconfio que a transformação em meu estado e no modo como eu me sentia foi bem parecida com o que Nietzsche vivenciou depois de um período de doença, descrito tão liricamente em *A gaia ciência*:

> A gratidão emana sem parar, como se tivesse ocorrido o inesperado, a gratidão de um convalescente — pois a convalescença era esse inesperado. [...] O júbilo da força que retorna, da renascida fé num amanhã e no depois de amanhã, do repentino sentimento e pressentimento de um futuro, de aventuras próximas, de mares novamente abertos.*

* Tradução de Paulo César de Souza. (N. T.)

O RIO DA CONSCIÊNCIA

"O tempo é a substância de que sou feito", disse Jorge Luis Borges. "O tempo é um rio que me leva embora, mas eu sou o rio." Nossos movimentos, nossas ações estendem-se no tempo, assim como as nossas percepções, os pensamentos, os conteúdos da consciência. Vivemos no tempo, organizamos o tempo, somos inteiramente criaturas do tempo. Mas será que o tempo em que vivemos, ou segundo o qual vivemos, é contínuo como o rio de Borges? Ou será mais comparável a uma sucessão de momentos descontínuos, como as contas de um colar?

David Hume, no século VIII, defendia a ideia de momentos descontínuos, e para ele a mente nada mais era do que "um pacote ou coleção de percepções distintas, que sucedem umas às outras com uma rapidez inconcebível e estão perpetuamente em fluxo e movimento".

William James escreveu em 1890, nos seus *Princípios de psicologia*, que a "visão humiana", como ele a chamava, era ao mesmo tempo eloquente e exasperante. Para começar, ela parecia contrariar a intuição. Em seu famoso capítulo sobre o "fluxo de pensamento", James observou que a consciência, para seu dono, parece ser sempre contínua, "sem ruptura, brecha ou divisão", jamais "cortada em pedacinhos". O conteúdo da consciência pode estar sempre em mudança, porém nós passamos sem solavancos de um pensamento a outro, de um percepto a outro, sem interrupções, sem pausas. Para James, o pensamento fluía, daí sua introdução do termo "fluxo de consciência". Mas ele se perguntava: "Será que a consciência realmente é descontínua?

[...] Será que apenas parece contínua a si mesma, por uma ilusão análoga à do zootrópio?".

Antes de 1830, aproximadamente, não tínhamos como fazer representações ou imagens dotadas de movimento (exceto produzindo um modelo com o funcionamento real). Tampouco ocorreria à maioria das pessoas que uma sensação ou ilusão de movimento pudesse ser transmitida por imagens estáticas. Como é que imagens poderiam denotar movimento sendo imóveis? A própria ideia era paradoxal, uma contradição. Mas o zootrópio provou que era possível combinar imagens individuais no cérebro para obter a ilusão de movimento contínuo.

O zootrópio (e muitos outros aparelhos semelhantes, com uma variedade de nomes) era bastante popular na época de James, e dificilmente faltava em um lar de classe média vitoriana. Esses instrumentos possuíam um tambor ou disco no qual eram pintados ou colados desenhos em sequência — "quadros congelados" de animais em movimento, jogos de bola, acrobatas em ação, plantas crescendo. Girava-se o tambor ou disco, e os desenhos separados eram vistos em rápida sucessão; a uma velocidade crítica, de repente isso gerava a percepção de uma imagem única a mover-se constantemente. Embora os zootrópios fossem muito procurados como brinquedos, originalmente foram projetados (em geral, por cientistas ou filósofos) com um propósito muito sério: esclarecer os mecanismos do movimento animal e da própria visão.

Se James tivesse escrito alguns anos mais tarde, poderia ter usado a analogia com o cinema. Um filme, com seu fluxo conciso de imagens ligadas tematicamente, sua narrativa visual integrada pelo ponto de vista e valores de seu diretor, é uma boa metáfora para o fluxo de consciência. Os recursos técnicos e conceituais do cinema — *zoom*, *fading*, dissolução, omissão, alusão e justaposição de todo tipo — imitam bem e de muitos modos os fluxos e guinadas da consciência.

Henri Bergson usou essa analogia em seu livro de 1907, *A evolução criadora*, no qual toda uma seção trata do "mecanismo cinematográfico do pensamento e a ilusão mecanicista". Porém, quando Bergson falava em "cinematografia" como um mecanismo elementar do cérebro e da mente, ele se referia a um tipo muito especial de cinematografia, no qual os "instantâneos" não eram isoláveis uns dos outros, e sim ligados organicamente. Em *Tempo e livre-arbítrio*, ele escreveu que esses momentos de percepção "permeiam-se uns aos outros", "fundem-se" uns nos outros, como as notas de uma composição musical (em contraste com "as batidas vazias e sucessivas de um metrônomo").

James também escreveu sobre conectividade e articulação, e para ele esses momentos são ligados por toda a trajetória e tema de uma vida:

> O conhecimento de alguma outra parte do fluxo, passada ou futura, próxima ou remota, sempre se mistura ao nosso conhecimento do presente.
>
> [...] Essas remanescências de velhos objetos, essas chegadas de novos, são os germes da memória e da expectativa, o senso retrospectivo e prospectivo de tempo. Fornecem à consciência aquela continuidade sem a qual ela não poderia ser chamada de fluxo.

No mesmo capítulo, sobre a percepção do tempo, James cita uma fascinante conjectura de James Mill (o pai de John Stuart Mill), sobre como poderia ser a consciência se ela fosse descontínua, um colar de contas de sensações e imagens separadas: "Nunca poderíamos ter conhecimento algum exceto o do instante presente. Cada uma das nossas sensações, no momento em que cessasse, desapareceria para sempre, e nós seríamos como se nunca tivéssemos sido. [...] Seríamos absolutamente incapazes de adquirir experiência".

James se pergunta se a existência poderia realmente ser possível nessas circunstâncias, com a consciência reduzida a um "lampejo de vagalume [...] [com] tudo além dele na escuridão total". Essa é exatamente a condição de uma pessoa com amnésia, embora neste caso o "momento" possa ser medido em apenas alguns segundos. Quando descrevi meu paciente amnésico Jimmie, o "Marinheiro Perdido" de *O homem que confundiu sua mulher com um chapéu*, escrevi: "Ele está [...] isolado em um único momento da existência, rodeado por um fosso ou lacuna de esquecimento. [...] É um homem sem um passado (ou futuro), encalhado em um momento sem significado que muda constantemente".

* * *

Teriam James e Bergson intuído uma verdade quando compararam a percepção visual — e até o próprio fluxo da consciência — a mecanismos como o zootrópio e as câmeras de cinema? Será que o olho/cérebro realmente "bate fotos" perceptuais e, de algum modo, as combina para gerar uma impressão de continuidade e movimento? Na época deles, não surgiu nenhuma resposta clara.

Alguns de meus pacientes, durante crises de enxaqueca, apresentam um transtorno neurológico raro mas notável: perdem a impressão de continuidade visual e movimento e passam a ver uma série de "fotos" tremeluzentes. Essas fotos podem ser bem definidas e nítidas, suceder umas às outras sem se sobrepor nem coincidir. Porém mais comumente elas são um tanto borradas, como uma exposição fotográfica demasiado longa; persistem por tempo suficiente para que ainda estejam visíveis quando surge o próximo "quadro", e assim, três ou quatro quadros, os primeiros progressivamente mais tênues, tendem a sobrepor-se uns aos outros. (Esse efeito lembra algumas das "cronofotografias" de Étienne-Jules Marey dos anos 1880, nas quais vemos um conjunto de momentos fotográficos de quadros temporais sobrepostos em uma única placa.)*

Esses acessos são breves, raros e não prontamente preditos

---

* Étienne-Jules Marey, na França — como Eadweard Muybridge, nos Estados Unidos —, foi pioneiro na produção de fotografias instantâneas feitas em rápida sucessão. Além de poderem ser postas no disco de um zootrópio para produzir um "filme" breve, elas podiam ser usadas para decompor movimentos, investigar a organização temporal e a biodinâmica do movimento de animais e humanos. Esse era o principal interesse de Marey, um fisiologista, e com esse objetivo ele preferia sobrepor suas imagens — dez ou vinte delas para um segundo — em uma única placa. Essas fotografias compostas captavam efetivamente um espaço de tempo, e por isso ele as chamava de "cronofotografias". As fotos de Marey tornaram-se modelos para todos os estudos fotográficos científicos subsequentes do movimento, e a cronofotografia também inspirou artistas (lembra-nos o famoso quadro de Duchamp, *Nu descendo uma escada*, que o pintor chamou de "uma imagem estática do movimento").

Marta Braun analisa o trabalho de Marey em sua fascinante monografia *Picturing Time*, e Rebecca Solnit estuda Muybridge e suas influências em *River of Shadows: Eadweard Muybridge and the Technological Wild West*.

ou provocados, e talvez por isso não encontrei boas descrições do fenômeno na literatura médica. Quando escrevi sobre eles em meu livro *Enxaqueca*, de 1970, usei o termo "visão cinematográfica", pois os pacientes sempre os comparavam com filmes rodados muito devagar. Notei que a taxa de cintilação nesses episódios parecia ser de seis a doze por segundo. Em casos de delírio de enxaqueca, também podiam ocorrer cintilações de padrões ou alucinações caleidoscópicas. (As cintilações podiam depois acelerar-se até restaurarem a aparência de movimento normal.)

Esse era um fenômeno visual espantoso para o qual não havia uma boa explicação fisiológica nos anos 1960. Mas só pude cogitar que a percepção visual talvez fosse, de um modo muito real, análoga à cinematografia: captaria o ambiente visual em quadros ou "stills" estáticos breves, instantâneos, e então, em condições normais, os combinaria para dar à percepção visual o movimento e continuidade normais — uma combinação que, pelo visto, não ocorria nas condições anormalíssimas daquelas crises de enxaqueca.

Efeitos visuais desse tipo ocorrem em certas convulsões, bem como em intoxicações (especialmente com alucinógenos como o LSD). E existem outros efeitos visuais incomuns que podem surgir: objetos móveis que deixam um rastro ou uma esteira borrada, imagens que se repetem, pós-imagens muito prolongadas.*

Ouvi relatos semelhantes em fins dos anos 1960 de alguns dos meus pacientes pós-encefalíticos quando eles estavam "despertados" e especialmente superexcitados pela droga levodopa. Alguns pacientes relataram visão cinematográfica; outros falaram em "paradas" extraordinárias, algumas de várias horas, du-

---

* Tive esses sintomas depois de tomar *sakau*, uma bebida intoxicante muito consumida na Micronésia. Descrevi alguns dos efeitos em um diário, e depois em meu livro *A ilha dos daltônicos*: "Pétalas fantasmas irradiam-se de uma flor em nossa mesa, como um halo à sua volta; quando ela é movida [...] deixa uma tênue cauda, um borrão visual [...] em sua esteira. Olho para uma palmeira balouçante e vejo sucessões de quadros, como em um filme que roda devagar demais, com perda da continuidade".

rante as quais paralisavam-se o fluxo visual e até a corrente de movimentos, de ações, de pensamentos.

Essas paradas eram especialmente severas para Hester Y. Numa ocasião fui chamado à enfermaria porque ela tinha entrado no banho, e o banheiro estava sendo inundado. Encontrei-a completamente imóvel no meio da enchente.

Quando a toquei, ela deu um pulo e perguntou: "O que aconteceu?".

"Conte-me a senhora", pedi.

Ela disse que começou a preparar seu banho, que havia uns três centímetros de água na banheira... e então eu toquei nela, e ela percebeu de repente que a banheira devia ter transbordado e causado uma inundação. Hester ficou presa, suspensa naquele momento perceptual em que havia apenas uns três centímetros de água na banheira.

Essas suspensões mostravam que a consciência podia ser detida por períodos substanciais, enquanto funções automáticas e não conscientes — a manutenção da postura e a respiração, por exemplo — continuavam como antes.

Outro exemplo impressionante de suspensão perceptual pode ser demonstrado com uma ilusão visual comum: o cubo de Necker. Normalmente, quando olhamos para esse cubo desenhado de uma perspectiva ambígua, ele muda de perspectiva a cada poucos segundos; parece ora projetar-se, ora recuar, e nenhum esforço do observador consegue impedir essa alternância de aparência. O desenho não muda, assim como sua imagem retiniana. A alternância é um processo puramente cortical, um conflito na própria consciência, que vacila entre duas interpretações perceptuais possíveis. Essa alternância é encontrada em todos os indivíduos normais, e pode ser observada com exames de imagem funcional do cérebro. Mas um paciente pós-encefalítico, se estiver em um estado de suspensão, poderá ver a mesma perspectiva, inalterada, por minutos ou horas seguidas.*

---

* Como analiso em meu livro *Alucinações musicais*, a música, com seu ritmo e fluxo, pode ter uma importância crucial nessas suspensões, permitir que os pacientes retomem seu fluxo de movimento, percepção e pensamento. Às vezes a música parece

Parecia que o fluxo normal de consciência podia não só ser fragmentado, dividido em pedacinhos como uma série de fotografias, mas também ser suspenso intermitentemente, durante horas seguidas. Para mim, isso era ainda mais intrigante e misterioso do que a visão cinematográfica, pois desde o tempo de William James aceitava-se quase como um axioma que a consciência, em sua própria natureza, está sempre em mudança, sempre em fluxo. Agora, minha experiência clínica não podia deixar de duvidar até disso.

Por isso, eu estava preparado para ficar ainda mais fascinado quando, em 1983, Josef Zihl e seus colegas em Munique publicaram um único e minucioso relato de um caso de cegueira para o movimento: uma mulher que, depois de um derrame, tornou-se permanentemente incapaz de perceber movimento. (O acidente vascular danificou áreas muito específicas do córtex visual que os fisiologistas demonstraram, em experimentos com animais, serem cruciais para a percepção do movimento.) Nessa paciente, que eles chamaram de L. M., ocorriam "quadros congelados" durante vários segundos, nos quais ela via uma imagem imóvel prolongada e se tornava incapaz de perceber visualmente qualquer movimento no ambiente, apesar de seu fluxo de pensamento e percepção ser normal em outros aspectos. Ela podia começar a conversar com uma amiga que estava à sua frente, mas não ver os lábios da interlocutora moverem-se nem suas expressões faciais se alterarem. E, se a amiga mudasse de lugar e ficasse atrás dela, a sra. M. continuava a "vê-la" à sua frente, muito embora agora a voz viesse de trás. Ela podia ver um carro "congelado" a uma boa distância mas descobrir, ao tentar atravessar a rua, que o carro agora estava quase em cima dela. Via uma "geleira", um arco de chá congelado saindo do bico do bule, até perceber que enchera demais a xícara e que havia uma poça

---

agir como uma espécie de modelo ou gabarito para a noção de tempo e movimento que esses pacientes perdem temporariamente. Por exemplo, um parkinsoniano em meio a uma suspensão pode ganhar condições para mover-se, e até dançar, quando ouve música. Os neurologistas usam intuitivamente termos musicais para referir-se a esses fenômenos, e dizem que o parkinsonismo é uma "gagueira cinética" e o movimento normal é uma "melodia cinética".

de chá na mesa. Era uma condição muito desnorteante e, às vezes, bem perigosa.

Há diferenças claras entre a visão cinematográfica e o tipo de cegueira para o movimento descrito por Zihl, e talvez entre essas duas condições e as suspensões visuais ou até globais muito prolongadas sofridas por alguns pacientes pós-encefalíticos. Essas diferenças implicam que devem existir vários mecanismos ou sistemas distintos para a percepção do movimento visual e a continuidade da consciência visual, e essa hipótese condiz com evidências obtidas em experimentos perceptuais e psicológicos. Alguns desses mecanismos, ou todos eles, às vezes deixam de funcionar devidamente na presença de certas intoxicações, algumas crises de enxaqueca e algumas formas de lesão cerebral. Mas será que isso também poderia acontecer em condições normais?

Ocorre-me um exemplo óbvio que muitos de nós já vimos e talvez tenhamos achado curioso ao olhar para objetos giratórios — ventiladores, rodas, hélices — ou ao passar por cercas ou paliçadas, quando a continuidade normal do movimento parece ser interrompida. Por exemplo, às vezes, deitado na cama, fico olhando para o meu ventilador de teto, e de repente as pás parecem mudar de direção por alguns segundos, depois retomar também subitamente o seu movimento na direção anterior. Às vezes o ventilador parece hesitar ou empacar, outras vezes parece ganhar mais pás ou faixas escuras maiores do que as pás.

Coisa semelhante acontece ao vermos um filme no qual as rodas de uma diligência às vezes parecem girar lentamente para trás ou mal se moverem. Essa ilusão da diligência, como a chamam, reflete uma falta de sincronização entre a velocidade da filmagem e a velocidade do giro das rodas. Mas eu posso ter uma ilusão da diligência na vida real quando olho para o ventilador com o sol da manhã entrando no meu quarto e banhando tudo em uma luminosidade contínua e homogênea. Será, então, que existe alguma tremulação ou falta de sincronia em meus mecanismos perceptuais — novamente, análoga à ação de uma câmera de cinema?

Dale Purves e seus colegas investigaram em detalhes as

ilusões do tipo roda de diligência e confirmaram que essa espécie de ilusão ou erro de percepção era universal nos indivíduos estudados. Depois de excluírem outras causas da descontinuidade (iluminação intermitente, movimentos oculares etc.), eles concluíram que o sistema visual processa informações "em episódios sequenciais" à taxa de três a vinte episódios por segundo. Normalmente, essas imagens sequenciais são vistas como um fluxo perceptual ininterrupto. Inclusive, Purves aventa, é possível que os filmes nos pareçam convincentes justamente porque nós mesmos dividimos o tempo e a realidade de um modo muito parecido com o da câmera: em quadros distintos que, então, tornamos a montar em um fluxo aparentemente contínuo.

Para Purves, é exatamente essa decomposição do que vemos em uma sucessão de momentos que permite ao cérebro detectar e computar o movimento, pois tudo o que ele precisa fazer é notar as posições diferentes dos objetos entre os "quadros" sucessivos e, com base nisso, calcular a direção e a velocidade do movimento.

Mas isso não basta. Não nos limitamos a calcular o movimento como faria um robô: nós o *percebemos*. Percebemos movimento, assim como percebemos cor e profundidade, como uma experiência qualitativa única que é vital para nosso discernimento visual e consciência. Algo além da nossa compreensão ocorre na gênese dos *qualia,* a transformação de uma computação cerebral objetiva em uma experiência subjetiva. Os filósofos debatem interminavelmente como essas transformações acontecem e se algum dia eles serão capazes de entendê-las.

James imaginou o zootrópio como uma metáfora para o cérebro consciente, e Bergson comparou-o à cinematografia, porém, necessariamente, essas nada mais eram do que analogias e imagens tentadoras. Só nos últimos vinte ou trinta anos a neurociência pôde ao menos começar a estudar questões como a base neural da consciência.

O estudo neurocientífico da consciência, que antes dos anos 1970 tinha sido uma área quase intocável, hoje é uma preocupação central para cientistas do mundo todo. Agora cada nível da consciência é investigado, desde os mecanismos perceptuais mais elementares (comuns a muitos animais além dos humanos) até as esferas superiores da memória, imagética e consciência autorreflexiva.

É possível definir os processos quase inconcebivelmente complexos que formam os correlatos neurais do pensamento e da consciência? Devemos imaginar, se pudermos, que em nosso cérebro, com seus 100 bilhões de neurônios, cada um com mil conexões sinápticas ou mais, em frações de segundo podem surgir ou ser selecionados cerca de 1 milhão de grupos ou coalizões neuronais, cada qual com mil ou 10 mil neurônios (Edelman comenta sobre as magnitudes "hiperastronômicas" envolvidas). Todas essas coalizões, como os "milhões de lançadeiras lampejantes" do tear encantado de Sherrington, comunicam-se umas com as outras, tecendo, muitas vezes por segundo, seus padrões continuamente mutáveis mas sempre significativos.

Não dá nem para começar a entender a densidade, a variabilidade de tudo isso, as camadas sobrepostas e mutuamente influenciáveis do fluxo da consciência enquanto ele passa pela mente, em constante mudança. Até os poderes mais superiores da arte — no cinema, no teatro, na narrativa literária — só podem comunicar a mais ínfima insinuação de como é a consciência humana.

Agora é possível monitorar simultaneamente as atividades de cem ou mais neurônios individuais no cérebro em animais não anestesiados enquanto desempenham tarefas perceptuais e mentais simples. Podemos examinar a atividade e as interações de grandes áreas do cérebro por meio de técnicas de imagem como a ressonância magnética funcional e a tomografia por emissão de pósitrons (PET), e essas técnicas não invasivas podem ser aplicadas em humanos para mostrar quais áreas do cérebro são ativadas em atividades mentais complexas.

Além de estudos fisiológicos, temos o novo universo dos modelos neurais computadorizados, que usam populações ou redes de neurônios virtuais e analisam como elas se organizam em resposta a vários estímulos e restrições.

Todas essas técnicas, juntamente com conceitos não disponíveis às gerações passadas, hoje se combinam para fazer da busca dos correlatos neurais da consciência a aventura mais fundamental e empolgante da neurociência em nossa época. Uma inovação crucial é o pensamento populacional [*population thinking*], que consiste em raciocinar levando em conta a imensa população de neurônios do cérebro e o poder da experiência para alterar diferencialmente as forças e conexões entre eles e promover a formação de grupos ou constelações funcionais de neurônios por todo o cérebro — grupos cujas interações servem para categorizar experiências.

Em vez de ver o cérebro como um órgão rígido, em modo fixo, programado como um computador, temos agora uma noção muito mais biológica e poderosa de "seleção experiencial", segundo a qual a experiência literalmente molda a conectividade e o funcionamento do cérebro (dentro de limites genéticos, anatômicos e fisiológicos).

Essa seleção de grupos neuronais (compostos, talvez, de cerca de mil neurônios individuais) e seu efeito sobre a moldagem do cérebro ao longo da vida do indivíduo é considerada análoga ao papel da seleção natural na evolução das espécies; é por isso que Gerald M. Edelman, pioneiro dessa linha de pensamento nos anos 1970, fala em "darwinismo neural". Jean-Pierre Changeux, mais interessado nas conexões de neurônios individuais, fala em "darwinismo de sinapses".

O próprio William James sempre frisou que a consciência não é uma "coisa", e sim um "processo". Para Edelman, a base neural desse processo é uma interação dinâmica entre grupos neuronais em diferentes áreas do córtex, bem como entre o córtex e o tálamo e outras partes do cérebro. Edelman supõe que a consciência surge do número imenso de interações recíprocas entre sistemas de memória nas partes anteriores do cérebro e sistemas ligados à caracterização perceptual nas partes posteriores do cérebro.*

---

* Nenhum conceito ou paradigma, por mais original que seja, surge do nada. Embora o pensamento populacional em relação ao cérebro só tenha aparecido nos anos

* * *

Francis Crick e seu colega Christof Koch também foram pioneiros no estudo da base neural da consciência. Desde seu primeiro trabalho em colaboração nos anos 1980, eles se concentraram sobretudo na percepção e processos visuais, pois achavam que o cérebro visual era o que mais se prestava a ser estudado e poderia servir de modelo para investigarem e compreenderem formas cada vez mais superiores de consciência.*

Em um artigo resumido escrito em 2003, intitulado "A Framework for Consciousness", Crick e Koch fizeram suposições sobre os correlatos neurais da percepção do movimento, como é percebida ou construída a continuidade visual e, por extensão, a aparente continuidade da própria consciência. Propuseram que "a percepção consciente [na visão] é uma série de instantâneos estáticos, com o movimento 'pintado' sobre eles [...] [e] essa percepção ocorre em períodos separados".

Surpreendi-me com essa passagem, pois sua formulação parecia basear-se na mesma noção de consciência que James e Bergson haviam insinuado um século antes, e na mesma noção que andava em minha mente desde que ouvi os primeiros relatos de visão cinematográfica dos meus pacientes pós-encefalíticos nos anos 1960. Mas aqui havia algo mais, um possível substrato para a consciência baseado na atividade neural.

Os "instantâneos" postulados por Crick e Koch não são

1970, houve um antecedente importante 25 anos antes: o famoso livro de Donald Hebb, *The Organization of Behavior*, de 1949. Hebb procurou eliminar a lacuna entre a neurofisiologia e a psicologia com uma teoria geral capaz de relacionar processos neurais com processos mentais e, em especial, mostrar como a experiência podia modificar o cérebro. Segundo Hebb, o potencial para modificação estava nas sinapses que ligavam as células cerebrais umas às outras. O conceito original de Hebb logo seria confirmado e abriria caminho para novos modos de pensar. Hoje sabemos que um único neurônio cerebral pode ter até dez mil sinapses, e que o cérebro como um todo possui mais de 100 trilhões delas, de modo que as capacidades de modificação são praticamente infinitas. Portanto, todo neurocientista que hoje pensa sobre a consciência tem uma dívida com Hebb.

* Koch faz um relato vívido e pessoal do trabalho de ambos e da busca pela base neural da consciência de modo geral em seu livro *The Quest for Consciousness*.

uniformes, como os cinematográficos. Segundo eles, a duração de instantâneos sucessivos provavelmente não é constante; além disso, o tempo de um instantâneo para forma, digamos, pode não coincidir com um para cor. Embora provavelmente esse mecanismo de "criar instantâneos" para as entradas de dados sensoriais visuais seja até simples e automático, um mecanismo neural de ordem relativamente inferior, cada percepto tem de incluir grande número de atributos visuais, que são todos ligados em algum nível pré-consciente.*

Então como os vários instantâneos são "reunidos" para produzir a aparente continuidade, e como chegam ao nível da consciência?

Embora a percepção de um determinado movimento (por exemplo) possa ser representada por neurônios disparando a uma taxa específica nos centros de movimento do córtex visual, esse é apenas o começo de um processo complexo. Para chegar à consciência, esses disparos neuronais, ou alguma representação superior deles, precisam transpor um certo limiar de intensidade e manter-se acima dele; a consciência, segundo Crick e Koch, é um fenômeno de limiar. Esse grupo de neurônios precisa, para isso, mobilizar outras partes do cérebro (em geral os lobos frontais) e aliar-se a milhões de outros neurônios, formando uma "coalizão". Crick e Koch imaginam que essa coalizão seja capaz de formar-se e dissolver-se em uma fração de segundo e que envolva conexões recíprocas entre o córtex visual e muitas outras áreas do cérebro. As coalizões neurais em diferentes partes do cérebro conversam umas com as outras em uma interação de mão dupla contínua. Um único percepto visual consciente, portanto, pode requerer as atividades paralelas e mutuamente influenciáveis de bilhões de células nervosas.

Finalmente, para chegar à consciência, a atividade de uma

---

* Uma hipótese para explicar os mecanismos de ligação envolve a sincronização de disparos neuronais em um conjunto de áreas sensoriais. Às vezes isso pode não ocorrer, e Crick dá um exemplo cômico em seu livro de 1994, *The Astonishing Hypothesis:* "Um amigo, quando andava por uma rua movimentada, 'viu' um colega e estava prestes a falar com ele quando percebeu que a barba preta pertencia a outro passante e a careca e os óculos, a um terceiro".

coalizão, ou de uma coalizão de coalizões, precisa não só transpor um limiar de intensidade, mas também manter-se ali por certo tempo — aproximadamente cem milésimos de segundo. Essa é a duração de um "momento perceptual".*

Para explicar a aparente continuidade da consciência visual, Crick e Koch sugerem que a atividade da coalizão apresenta "histerese", ou seja, uma persistência que dura mais do que o estímulo. De certa forma, essa noção é bem semelhante à das teorias da "persistência da visão que surgiram no século XIX.** No livro *Treatise on Physiological Optics*, de 1860, Hermann von Helmholtz escreveu: "É necessário apenas que a repetição da impressão seja rápida o suficiente para que o pós-efeito de uma impressão não tenha morrido perceptivelmente antes que o próximo chegue". Helmholtz e seus contemporâneos supunham que esse pós-efeito ocorria na retina, mas para Crick e Koch ele acontece nas coalizões de neurônios no córtex. Em outras palavras, a impressão de continuidade resulta da sobreposição contínua de momentos perceptuais sucessivos. Talvez as formas de visão cinematográfica que descrevi — com quadros nitidamente separados ou borrados e sobrepostos — representem anormalidades da excitabilidade nas coalizões, com histeria demais ou de menos.***

---

* Quem primeiro usou o termo "momento perceptual" foi o psicólogo J. M. Stroud, nos anos 1950, em seu artigo "The Fine Structure of Psychological Time". Para Stroud, o momento perceptual representava o "grão" do tempo psicológico, aquela duração (aproximadamente um décimo de segundo, que ele estimou com seus experimentos) necessária para integrar informações sensoriais como uma unidade. Porém, como observam Crick e Koch, a hipótese do "momento perceptual" de Stroud foi praticamente ignorada no meio século seguinte.

** Em seu fascinante livro *A Natural History of Vision,* Nicholas Wade cita Sêneca, Ptolomeu e outros autores clássicos que, depois de observarem a chama de uma tocha girando rapidamente, perceberam que ela parecia formar um círculo contínuo de fogo e concluíram que tinha de ocorrer uma duração ou persistência considerável das imagens visuais (ou, como disse Sêneca, uma "lentidão" da visão). Uma medição impressionante dessa duração — 8/60 de segundo — foi feita em 1765, mas só no século XIX a persistência da visão foi explorada sistematicamente em instrumentos como o zootrópio. Ao que parece, também, ilusões de movimento semelhantes ao efeito roda de diligência já eram bem conhecidas 2 mil anos atrás.

*** Crick e Koch sugerem a interpretação alternativa de que os quadros borrados

Em circunstâncias normais, a visão não tem emendas e não dá indicações dos processos básicos dos quais depende. Ela tem de ser decomposta, experimentalmente ou em distúrbios neurológicos, para mostrar os elementos que a compõem. As imagens tremulantes, perseverantes e borradas no tempo que são vistas em certas intoxicações ou enxaquecas severas corroboram a ideia de que a consciência é composta de momentos separados.

Seja qual for o mecanismo, a fusão de quadros ou instantâneos visuais separados é um requisito prévio para a continuidade, para uma consciência fluente e móvel. Essa consciência dinâmica provavelmente surgiu primeiro em répteis, há um quarto de bilhão de ano. Parece provável que em anfíbios não existia esse fluxo de consciência. Uma rã, por exemplo, não demonstra atenção ativa nem um fluir visual dos acontecimentos. Ela não possui um mundo visual ou uma consciência visual como a conhecemos; tem apenas uma capacidade puramente automática de reconhecer um objeto semelhante a um inseto que entre em seu campo visual, e de projetar a língua velozmente em resposta. Não sonda o ambiente nem procura presas.

Se uma consciência dinâmica e fluente permite, no nível mais inferior, uma sondagem ou busca contínua no ambiente, em um nível superior ela permite a interação de percepção e memória, de presente e passado. E essa consciência "primária", como Edelman a denomina, é altamente eficaz e adaptativa na luta pela vida.

Em seu livro *Wider Than the Sky: The Phenomenal Gift of Consciousness*, Edelman escreve:

> Imagine um animal dotado de consciência primária na selva. Ele ouve um rugido e, ao mesmo tempo, o vento muda de direção e a luz começa a diminuir de intensidade. Ele logo sai correndo para um lugar mais seguro. Um físico talvez não consiga detectar nenhuma relação causal entre esses acontecimentos. Mas, para um animal com consciência primária, um conjunto de eventos simultâneos exatamente como esse pode ter acompanhado uma experiência anterior que incluiu o aparecimento de

---

e persistentes poderiam resultar de eles chegarem à memória de curto prazo (ou a um tampão da memória visual de curto prazo) e ali decaírem lentamente.

um tigre. A consciência permitiu a integração da cena do presente com a história passada da experiência consciente do animal, e essa integração tem valor de sobrevivência, esteja o tigre presente ou não.

Desse tipo relativamente simples de consciência primária pulamos para a consciência humana com o advento da linguagem e da autoconsciência e de uma noção explícita de passado e futuro. E é isso que dá uma continuidade temática e pessoal à consciência de cada indivíduo. Escrevo isto sentado em um café na Sétima Avenida, olhando o movimento. Minha atenção e foco dardejam por tudo: a moça de vestido vermelho, o homem passeando com um cachorro engraçado, o sol (finalmente!) espiando em meio às nuvens. No entanto, há outras sensações que parecem surgir por si mesmas: a explosão de um escapamento de carro, o cheiro de fumaça de cigarro que um vizinho acendeu e o vento me trouxe. Todos esses são eventos que chamam minha atenção por um momento, enquanto ocorrem. Por que, dentre milhares de outras percepções possíveis, são essas que capto? Por trás delas há reflexões, memórias, associações. Pois a consciência é sempre ativa e seletiva, carregada de sentimentos e significados unicamente nossos, que fundamentam nossas escolhas e permeiam nossas percepções. Por isso, não é apenas a Sétima Avenida que vejo, mas a *minha* Sétima Avenida, marcada pela minha individualidade e identidade.

Christopher Isherwood inicia seu conto "Um diário de Berlim" fazendo uma longa comparação fotográfica: "Sou uma câmera com o obturador aberto, bem passiva, registrando, sem pensar. Ela registra o homem que se barbeia na janela defronte e a mulher de quimono lavando os cabelos. Algum dia tudo isso terá de ser revelado, impresso cuidadosamente, fixado". Contudo, engana-se quem pensar que podemos ser observadores passivos, imparciais. Cada percepção, cada cena é moldada por nós, queiramos ou não. Somos os diretores do filme que estamos fazendo, mas também somos os protagonistas: cada quadro, cada momento, somos nós, é nosso.

Mas então como é que os nossos quadros, nossos momentos transitórios, ganham coesão? Se só existe a transitoriedade, como obtemos a continuidade? Nossos pensamentos passageiros, como diz William James (em uma imagem que faz lembrar a vida de caubói nos anos 1880) não andam a esmo como gado desgarrado. Cada um tem dono e traz a marca desse proprietário, e cada pensamento, nas palavras de James, nasce possuidor dos pensamentos prévios e "morre possuído, transmitindo o que quer que tenha percebido como seu Eu para o proprietário seguinte".

Portanto, o que parece constituir nosso ser não são apenas momentos perceptuais, simples momentos fisiológicos — embora estes alicercem todo o resto —, e sim momentos de um tipo essencialmente pessoal. Então, por fim entendemos a imagem de Proust, ela mesma um tanto fotográfica, de que consistimos totalmente em uma "coleção de momentos", muito embora eles corram um para o outro como o rio de Borges.

ESCOTOMA: ESQUECIMENTO E NEGLIGÊNCIA NA CIÊNCIA

Podemos examinar a história das ideias voltando ou avançando: reconstituir as primeiras fases, as insinuações e as antecipações das coisas que hoje sabemos, ou nos concentrar na evolução, nos efeitos e influências das coisas que pensávamos no passado. Qualquer que seja o caminho escolhido, podemos imaginar que a história se revelará como um contínuo, um avanço, uma propagação como na árvore da vida de Darwin. Contudo, o que frequentemente encontramos está bem longe de ser uma propagação majestosa e muito longe de ser um contínuo em qualquer acepção do termo.

Comecei a me dar conta do quanto a história da ciência pode ser difícil de reconstituir quando me envolvi com meu primeiro amor, a química. Lembro-me vividamente de ter lido, quando garoto, uma história da química onde aprendi que o que hoje chamamos de oxigênio tinha sido praticamente descoberto por John Mayow nos anos 1670, um século antes de Scheele e Priestley identificarem esse elemento. Mayow demonstrou, com experimentação meticulosa, que aproximadamente um quinto do ar que respiramos consiste em uma substância necessária tanto à combustão como à respiração (ele a chamou de "spiritus nitro-aereus"). Acontece que o presciente trabalho de Mayow, muito lido em sua época, acabou sendo esquecido e obscurecido pela teoria concorrente do flogisto, que prevaleceu por mais de um século até que Lavoisier finalmente a refutou nos anos 1780. Mayow morrera cem anos antes, aos 39 anos. "Se ele tivesse vivido um pouco mais", escreveu o autor dessa história, F. P. Armitage, "dificilmente se poderia duvidar de que ele teria antecipado o revolucionário trabalho de Lavoisier e sufocado no berço a teoria do flogisto." Seria isso uma exaltação idealizada de John Mayow, uma interpretação equivocada da estrutura do empreendimento científico, ou a história da química poderia ter sido totalmente diferente, como aventou Armitage?*

Esse tipo de esquecimento ou negligência da história não é raro em ciências; comprovei o fato pessoalmente quando era um jovem neurologista e fui trabalhar em uma clínica de cefaleia. Meu trabalho consistia em fazer o diagnóstico — enxaqueca, cefaleia de tensão etc. — e prescrever o tratamento. Mas eu não conseguia limitar-me a isso, e muitos dos pacientes que eu atendia também não. Frequentemente eles mencionavam, ou eu observava, outros fenômenos: alguns preocupantes, outros intrigantes, porém não rigorosamente parte do quadro médico — não necessários, ao menos para se fazer um diagnóstico.

É frequente uma enxaqueca clássica ser precedida por uma "aura visual", como o fenômeno é chamado, na qual o paciente pode ver zigue-zagues cintilantes que atravessam seu campo de visão. Isso já está bem descrito e compreendido. Mais raramente, porém, pacientes me diziam que viam padrões geométricos complexos que apareciam em vez dos zigue-zagues ou em adição a eles: treliças, espirais, funis e teias de aranha que constantemente mudavam de lugar, giravam, modulavam-se. Fui pes-

---

* Armitage, que foi professor em minha escola, publicou seu livro em 1906 para incentivar os estudantes eduardianos; analisando hoje, parece-me que a obra mostra um pendor romântico e jingoísta na insistência em que foram os ingleses, e não os franceses, que descobriram o oxigênio.

William Brock, em seu livro *History of Chemistry*, traz uma perspectiva diferente. "Os primeiros historiadores da química gostavam de procurar uma forte semelhança entre a explicação de Mayow e a teoria posterior do oxigênio liberado por calcinação", ele escreve. Mas Brock ressalta que essas semelhanças "são superficiais, pois a teoria de Mayow era uma teoria mecânica, e não química, da combustão. [...] Ela marcou um retorno a um mundo dualista de princípios e poderes ocultos".

Todos os grandes inovadores do século XVII, inclusive Newton, ainda tinham um pé no mundo medieval da alquimia, do hermetismo e do ocultismo — o intenso interesse de Newton pela alquimia e esoterismo continuou até o fim de sua vida. (Esse fato ficou esquecido até que John Maynard Keynes o mencionou, surpreendentemente, em seu ensaio de 1946 "Newton, o homem"; hoje é bem aceita a sobreposição do "moderno" e do "oculto" no clima da ciência seiscentista.)

quisar na literatura corrente e não encontrei nenhuma menção a tais fenômenos. Intrigado, decidi procurar em relatos do século XIX, que tendem a ser muito mais completos, muito mais vívidos e ricos em descrições do que os modernos.

Minha primeira descoberta foi na seção de obras raras da biblioteca da nossa faculdade (tudo o que tinha sido escrito antes de 1900 era considerado "raro"): um extraordinário livro sobre enxaqueca escrito nos anos 1860 por um médico vitoriano, Edward Liveing. Tinha um título esplêndido, bem longo: *On Megrim, Sick-Headache, and Some Allied Disorders: A Contribution to the Pathology of Nerve-Storms* ["Migrânea, dor de cabeça com náusea e alguns distúrbios relacionados: uma contribuição à patologia das tempestades nervosas"], e era uma obra pomposa, do tipo divagante, claramente escrita em uma época muito menos apressada e rígida do que a nossa. Encontrei ali breve menção aos complexos padrões geométricos que muitos dos meus pacientes haviam descrito, e o autor remeteu-me a um artigo de 1858, "On Sensorial Vision", do eminente astrônomo John Frederick Herschel. Senti que finalmente encontrara algo aproveitável. Herschel fazia descrições meticulosas e elaboradas exatamente dos mesmos fenômenos que meus pacientes mencionavam e que aconteciam inclusive com ele mesmo. Ele arriscou algumas conjecturas profundas sobre sua possível natureza e origem. Achava que poderiam representar "uma espécie de força caleidoscópica" no sensório, uma força primitiva e pré-pessoal na mente, os primeiros estágios, e até precursores, da percepção.

Não consegui encontrar nenhuma descrição adequada desses "espectros geométricos", como Herschel os chamava, em todo o século desde suas observações até as minhas. No entanto, para mim estava claro que talvez de cada vinte pessoas afetadas por enxaqueca visual, uma experimentava ocasionalmente esses fenômenos. Como é que esses padrões surpreendentes, muito característicos e sem dúvida nenhuma alucinatórios passaram despercebido por tanto tempo?

Antes de tudo, é preciso que alguém observe e relate o fenômeno. Em 1858, o mesmo ano em que Herschel descreveu seus "espectros", o neurologista francês Guillaume Duchenne publicou uma descrição pormenorizada de um menino portador do que hoje denominamos distrofia muscular, seguida, um ano depois, por um relato de outros treze casos. Suas observações logo entraram para a corrente principal da neurologia clínica, identificadas como um distúrbio muito importante. Os médicos começaram a "ver" distrofia em toda parte, e dentro de poucos anos dezenas de outros casos foram publicados na literatura médica. O distúrbio sempre existira, onipresente e inconfundível, mas pouquíssimos médicos o relataram antes de Duchenne.*

Em contraste, o artigo de Duchenne sobre padrões alucinatórios desapareceu sem deixar vestígios. Talvez porque ele não fosse um médico fazendo relatos médicos, mas simplesmente um observador independente dotado de imensa curiosidade. Embora ele desconfiasse que suas observações tinham importância científica — que esses fenômenos poderiam levar a grandes revelações sobre o cérebro —, não era a importância médica que ele tinha em vista. Seu artigo foi publicado não em uma revista especializada em medicina, mas em um periódico científico geral. Porque a enxaqueca geralmente era definida como um problema "de saúde", as descrições de Herschel não foram consideradas relevantes e, depois de uma breve menção no livro de Liveing, elas foram esquecidas ou desconsideradas pela classe médica. Em certo sentido, as observações de Herschel foram prematuras; nos anos 1850, não havia como associá-las a possíveis novas ideias científicas sobre a mente e o cérebro, pois os conceitos necessários só apareceriam um século mais tarde, com o desenvolvimento da teoria do caos nos anos 1970 e 1980.

Segundo a teoria do caos, embora seja impossível prever o comportamento individual de cada elemento em um sistema dinâmico complexo (por exemplo, os neurônios ou grupos de neurônios individuais no córtex visual primário), é possível discernir padrões em um nível superior por meio de modelos mate-

* O mais famoso aluno de Duchenne, Jean-Martin Charcot, comentou: "Como é que uma doença tão comum, tão disseminada e reconhecível num relance [...] só agora foi reconhecida? Por que precisamos que M. Duchenne nos abrisse os olhos?".

máticos e análises computadorizadas. Existem "comportamentos universais" que representam os modos como esses sistemas dinâmicos não lineares se auto-organizam. Esses sistemas tendem a assumir a forma de padrões reiterativos complexos no espaço e no tempo — justamente os tipos de redes, vórtices, espirais e teias que são vistos nas alucinações geométricas da enxaqueca.

Hoje esses comportamentos caóticos e auto-organizadores são reconhecidos em grande variedade de sistemas naturais, como os movimentos excêntricos de Plutão, os surpreendentes padrões que surgem durante certas reações químicas, a multiplicação dos mixomicetos e as venetas do clima. Com isso, um fenômeno até então insignificante ou menosprezado como os padrões geométricos de uma aura de enxaqueca assume nova importância. Ele nos mostra, sob a forma de uma exibição alucinatória, não só uma atividade elementar do córtex cerebral, mas também um sistema totalmente auto-organizador, um comportamento universal em funcionamento.*

Com a enxaqueca eu fui obrigado a fazer buscas em uma literatura médica antiga, esquecida — uma literatura que a maioria dos meus colegas considerava desbancada ou obsoleta. E me vi em posição semelhante com a síndrome de Tourette. Meu interesse por essa condição surgiu em 1969, quando consegui "despertar" vários pacientes pós-encefalíticos com levodopa e vi quantos deles passaram rapidamente de estados imóveis semelhantes ao transe para uma breve "normalidade" e então chegaram ao extremo oposto: estados violentamente hipercinéticos, cheios de tiques, muito semelhantes à quase mítica "síndrome de Tourette". Digo "quase mítica" porque, nos anos 1960, não se

---

* Quando descrevi os fenômenos da aura de enxaqueca na edição original de 1970 do meu livro *Enxaqueca*, só pude dizer que eles eram "inexplicáveis" pelos conceitos existentes. Mas em 1992, em uma edição revista e com a ajuda de meu colega Ralph M. Siegel, pude acrescentar um capítulo que discute esses fenômenos à nova luz da teoria do caos.

falava muito sobre essa doença; ela era considerada raríssima e possivelmente factícia. Eu só ouvira falar vagamente sobre ela.

De fato, em 1969, quando comecei a pensar sobre o assunto, porque meus pacientes estavam se tornando palpavelmente touréticos, tive dificuldade para encontrar referências atuais e precisei, mais uma vez, recorrer à literatura do século anterior: os artigos originais de Gilles de la Tourette escritos em 1885 e 1886, além de dezenas de relatos que se seguiram. Aquela foi uma era de descrições esplêndidas, a maioria em francês, das variedades de comportamento de tique, e culminou no livro *Les Tics et leur traitement*, publicado em 1902 por Henri Meige e E. Feindel. Contudo, entre 1907, quando essa obra foi traduzida para o inglês, e 1970, a síndrome parecia ter quase desaparecido.

Por quê? Devemos nos perguntar se a causa dessa negligência não seriam as pressões crescentes no começo do novo século para que se procurasse explicar os fenômenos científicos, deixando para trás o tempo em que apenas descrevê-los já era suficiente. E a síndrome de Tourette era singularmente difícil de explicar. Suas formas mais complexas podiam expressar-se não só como movimentos e ruídos convulsivos, mas também como tiques, compulsões, obsessões e tendências a fazer piadas e trocadilhos, a brincar com fronteiras, fazer provocações sociais e ter fantasias elaboradas. Houve tentativas de explicar a síndrome em termos psicanalíticos, mas apesar de lançarem alguma luz sobre alguns dos fenômenos, elas não podiam explicar outros; estava claro que havia também componentes orgânicos. Em 1960, a descoberta de que o haloperidol, uma droga que bloqueia os efeitos da dopamina, podia extinguir muitos dos fenômenos da síndrome de Tourette gerou a hipótese muito mais tratável de que se estava lidando com uma doença essencialmente química, causada por um excesso do neurotransmissor dopamina (ou uma sensibilidade excessiva a ela).

Diante dessa explicação redutiva e cômoda, a síndrome tornou subitamente a ganhar proeminência, e até pareceu multiplicar sua incidência por mil (hoje se estima que afete uma em cada cem pessoas). Está em curso um estudo muito intensivo da síndrome de Tourette, mas, em grande medida, ele se limita aos aspectos moleculares e genéticos. E, embora possam explicar parte da excitabilidade geral da síndrome, essas investigações não contribuem muito para esclarecer as formas específicas do pendor dos touréticos para a comédia, fantasia, mímica, zombaria, sonho, exibição, provocação e brincadeira. Apesar de termos passado da era da pura descrição para a da investigação e explicação ativas, a doença em si acabou sendo fragmentada nesse processo e deixou de ser vista como um todo.

Esse tipo de fragmentação talvez seja típico de um determinado estágio da ciência — aquele que se segue ao da descrição pura. Porém, em algum momento os fragmentos precisam ser reunidos e apresentados mais uma vez como um todo coerente. Isso requer compreender os determinantes em todos os níveis, desde o neurofisiológico até o psicológico e o sociológico, bem como sua interação contínua e intricada.*

Em 1974, depois de quinze anos como médico fazendo observações sobre condições neurológicas de pacientes, eu já contava com minha própria experiência em neuropsicologia. Sofri lesões graves nos nervos e músculos da perna esquerda durante uma escalada em uma região remota da Noruega, e precisei de cirurgia para reparar os tendões dos músculos e de tempo para a cura dos nervos. Nas duas semanas pós-cirurgia, enquanto minha perna ficou imobilizada em gesso, destituída de movimentos

* Uma sequência um tanto parecida ocorreu na psiquiatria "médica". Quando examinamos os prontuários de pacientes internados em asilos e hospitais públicos dos anos 1920 e 1930, encontramos observações clínicas e fenomenológicas detalhadíssimas, muitas delas embutidas em narrativas de uma riqueza e densidade quase romanesca (como nas descrições "clássicas" de Kraepelin e outros na virada do século). Com a instituição de critérios rígidos e manuais de diagnóstico (os *Diagnostic and Statistical Manuals*, ou *DSMs*), desapareceram a riqueza de detalhes e a receptividade fenomenológica, dando lugar a anotações escassas que não fornecem uma ideia real sobre o paciente e seu mundo, reduzindo pessoa e doença a uma lista de critérios "maiores" e "menores" de diagnóstico. Os prontuários psiquiátricos nos hospitais hoje em dia são quase desprovidos da profundidade e densidade de informações encontradas nos prontuários do passado, e não contribuirão grande coisa para ensejar a síntese da neurociência com o conhecimento psiquiátrico de que tanto precisamos. Mas os "velhos" históricos e prontuários de pacientes continuarão a ser inestimáveis.

e sensações, deixei de senti-la como parte de mim. Ela parecia ter se tornado um objeto sem vida, não real, não meu, inconcebivelmente alheio. Mas quando tentei explicar o que sentia para o cirurgião, ele comentou: "Sacks, você é o único. Nunca ouvi nada parecido de um paciente antes".

Achei isso um absurdo. Como é que eu podia ser "o único"? Tinha de haver outros casos, pensei, mesmo se o meu cirurgião não soubesse. Assim que recobrei a mobilidade, comecei a conversar com outros pacientes, e descobri que muitos deles tinham experiências semelhantes com membros "alheios". Alguns achavam isso tão misterioso e apavorante que tentavam tirar o problema da cabeça; e havia os que se preocupavam intimamente, mas não tentavam descrever para ninguém.

Assim que saí do hospital, fui para a biblioteca, decidido a procurar literatura sobre o tema. Durante três anos, não achei coisa alguma. E então deparei com um relato de Silas Weir Mitchell, um neurologista americano que trabalhou em um hospital da Filadélfia para amputados durante a Guerra de Secessão americana. Ele descreveu pormenorizadamente os membros fantasmas (ou "fantasmas sensoriais", como os chamava) que os amputados sentiam no lugar do membro perdido. Também escreveu sobre "fantasmas negativos", a aniquilação e alienação subjetivas de membros depois de lesões graves e cirurgia. Mitchell impressionou-se tanto com esses fenômenos que redigiu uma circular especial sobre o tema, e ela foi distribuída pelo serviço de saúde do Exército em 1864.

As observações de Weir Mitchell despertaram interesse por pouco tempo e logo desapareceram. Passaram-se mais de cinquenta anos até a síndrome ser redescoberta, quando milhares de novos casos de trauma neurológico foram tratados durante a Primeira Guerra Mundial. Em 1917 o neurologista francês Joseph Babinski publicou, com Jules Froment, uma monografia na qual, aparentemente sem saber sobre o relato de Weir Mitchell, ele descreveu a síndrome que eu sofri após a lesão na perna. As observações de Babinski, como as de Weir Mitchell, sumiram sem deixar vestígio. (Em 1975, quando finalmente topei com o livro de Babinski em nossa biblioteca, constatei que eu era o primeiro leitor a retirá-lo desde 1918.) Durante a Segunda Guerra Mundial, a síndrome foi descrita minuciosamente pela terceira vez, agora por dois neurologistas soviéticos, Aleksei N. Leont'ev e Alexander Zaporozhets, também sem saberem sobre seus predecessores. Contudo, embora o livro deles, *Rehabilitation of Hand Function*, tenha sido traduzido para o inglês em 1960, suas observações não chamaram a atenção dos neurologistas nem dos especialistas em reabilitação.*

O trabalho de Weir Mitchell, Babinski, Leont'ev e Zaporozhets parece ter caído em um escotoma histórico ou cultural, um "buraco da memória", como diria Orwell.

Conforme vou montando essa história extraordinária e até muito estranha, compreendo melhor meu cirurgião quando ele disse que nunca tinha ouvido falar de nada parecido com os meus sintomas. Essa síndrome não é tão incomum: ocorre sempre que existe uma perda significativa da propriocepção e de outros tipos de feedback sensorial devido a imobilidade ou lesão em nervos. Mas por que é tão difícil registrar isso, dar à síndrome seu devido lugar em nosso conhecimento e consciência neurológica?

O termo "escotoma" (do grego "escuridão"), como ele é empregado pelos neurologistas, denota uma desconexão ou hiato na percepção, essencialmente uma lacuna na consciência produzida por lesão neurológica. (Essas lesões podem estar em qualquer nível, desde os nervos periféricos, como no meu caso, até o córtex sensitivo do cérebro.) É extremamente difícil que um paciente com escotoma seja capaz de comunicar o que está acontecendo. Ele próprio "escotomiza" sua experiência, pois o membro afetado deixou de fazer parte de sua imagem corporal interna. Um escotoma assim é literalmente inimaginável, a menos que aconteça para uma pessoa. É por isso que sugiro, não totalmente de brincadeira, que as pessoas leiam *Com uma perna*

---

* O estudo e a compreensão dos membros fantasmas ganhou novo impulso nestas últimas décadas devido ao grande número de amputados de guerra, e isso incentivou mais estudos e a florescente tecnologia das próteses modernas. Descrevo mais pormenorizadamente a síndrome do membro fantasma em meu livro *A mente assombrada*.

só enquanto estiverem sob o efeito de anestesia espinhal, para que assim elas possam saber por experiência própria o que estou descrevendo.

Passemos agora desse misterioso reino dos membros alienígenas para um fenômeno mais positivo (mas ainda estranhamente negligenciado e escotomizado): o da acromatopsia cerebral adquirida ou cegueira total para cores decorrente de lesão ou dano cerebral. (Trata-se de uma condição diferente do daltonismo comum, que é causado por uma deficiência de um ou mais receptores para cor na retina.) Escolhi esse exemplo porque o estudei em certa profundidade depois que fiquei sabendo sobre ele por acaso, quando um paciente portador me escreveu.*

Investigando a história da acromatopsia, mais uma vez encontrei uma lacuna ou anacronismo impressionante. A acromatopsia cerebral adquirida — e, ainda mais notavelmente, a hemiacromatopsia, ou perda da percepção das cores em metade do campo visual que surge de modo súbito em consequência de um derrame — tinha sido descrita exemplarmente em 1888 pelo neurologista suíço Louis Verrey. Quando seu paciente morreu e foi submetido a autópsia, Verrey pôde então delinear a área exata do córtex visual que havia sido lesionada pelo acidente vascular. Aqui "será encontrado o centro para a percepção das cores", ele previu. Poucos anos depois do relato de Verrey surgiram outros relatos meticulosos de problemas semelhantes com a percepção das cores e suas lesões causadoras. A acromatopsia e sua base neural pareciam já estar bem estabelecidas. Mas eis que, estranhamente, a literatura calou-se. Durante 75 anos, não se publicou nenhum relato médico sobre o tema.

António Damásio e Semir Zeki analisam essa história com

---

* O sr. I, um pintor, tinha visão normal antes de sofrer um acidente de carro e perder totalmente a percepção das cores — portanto, ele sofria de acromatopsia "adquirida", como descrevo em *Um antropólogo em Marte*. Mas também existem pessoas com acromatopsia congênita, que descrevo em *A ilha dos daltônicos*.

grande erudição e perspicácia.* Zeki observa que as descobertas de Verrey encontraram resistência ao serem publicadas; em sua opinião, essa negação e desconsideração derivam de uma atitude filosófica arraigada e talvez inconsciente, a crença então prevalecente na natureza inconsútil da visão.

A noção de que o mundo visual é para nós um dado, uma imagem completa com cores, formas, movimentos e profundidade, é natural e intuitiva, aparentemente corroborada pela óptica newtoniana e pelo sensacionalismo lockiano. A invenção da câmara lúcida, e mais tarde a da fotografia, pareceu exemplificar um modelo mecânico desse tipo de percepção. Por que o cérebro se comportaria de algum outro modo? Estava evidente que a cor era parte integrante da imagem visual, da qual não devia ser dissociada. As ideias sobre uma perda isolada da percepção de cores ou de um centro para a sensação cromática no cérebro eram consideradas uma bobagem gritante. Verrey só podia estar errado; noções assim absurdas tinham de ser descartadas sumariamente. Assim foi feito, e a acromatopsia "desapareceu".

Obviamente também havia outros fatores para que isso acontecesse. Damásio conta que, em 1919, quando Gordon Holmes publicou suas conclusões do estudo de duzentos casos de lesões de córtex visual durante a guerra, ele foi categórico ao afirmar que nenhum dos casos apresentava deficiências isoladas na percepção de cores. Holmes era uma figura de autoridade e poder formidáveis no mundo neurológico, e seu antagonismo de bases empíricas à noção de um centro para cores no cérebro, reiterado com força crescente por mais de trinta anos, foi um fator substancial para impedir que outros neurologistas reconhecessem a síndrome.

A noção da percepção como um "dado", de algum modo inconsútil e global, finalmente teve seus alicerces abalados em fins dos anos 1950 e começo da década seguinte, quando David

---

* Para a análise de Damásio, ver seu artigo de 1980 em *Neurology*, "Central Achromatopsia: Behavioral, Anatomic, and Physiologic Aspects". A história de Zeki sobre Verrey e outros está em uma resenha de 1990 em *Brain*, "A Century of Cerebral Achromatopsia".

Hubel e Torsten Wiesel mostraram que o córtex visual possuía células e colunas de células que atuavam como "detectores de características", especificamente sensíveis a traços horizontais, verticais, bordas, alinhamentos e outras características do campo visual. Começou a crescer a ideia de que a visão tinha componentes, de que as representações visuais não eram "um dado" em nenhum sentido, como as imagens ópticas ou as fotografias, e sim construídas por uma correção imensamente complexa e intricada de processos distintos. A percepção passou a ser vista como composta, modular, a interação de um número colossal de componentes. A integração e a indivisibilidade da percepção tinham de ser produzidas no cérebro.

Assim, nos anos 1960 ficou claro que a visão era um processo analítico, dependente das sensibilidades distintas de grande número de sistemas cerebrais e retinianos, cada qual regulado para responder a diferentes componentes da percepção. Foi nesse clima de hospitalidade aos subsistemas e sua integração que Zeki descobriu células específicas que eram sensíveis a comprimentos de onda e cores no córtex visual do macaco, e encontrou-as praticamente na mesma área onde, 85 anos antes, Verrey havia sugerido um centro para as cores. A descoberta de Zeki parece ter libertado os neurologistas clínicos de sua inibição quase secular. Dentro de poucos anos já havia dezenas de descrições de novos casos de acromatopsia, que foi, finalmente, legitimada como uma condição neurológica válida.

O fato de o viés conceitual ter sido responsável pelo descarte e "desaparecimento" da acromatopsia é confirmado pela história totalmente oposta da cegueira central para o movimento, uma condição ainda mais rara descrita em 1983 a partir de um único caso por Josef Zihl e colegas.* A paciente de Zihl podia ver pessoas ou carros em repouso, mas assim que eles começavam a se mover, desapareciam de sua consciência e reapareciam, imóveis, em outro lugar. Esse caso, Zeki observou, foi "imediatamente aceito pelo mundo neurológico [...] e neurobiológico,

* O caso de Zihl é descrito mais pormenorizadamente no capítulo anterior, "O rio da consciência".

sem um murmúrio sequer de discordância [...] em contraste com a história mais turbulenta da acromatopsia". Essa diferença gritante deriva da profunda mudança no clima intelectual ocorrida nos anos imediatamente anteriores. No começo dos anos 1970, demonstrou-se que havia uma área especializada de células sensíveis ao movimento no córtex pré-estriado de macacos, e dentro de uma década a ideia da especialização funcional estava totalmente aceita. Não havia mais nenhuma razão conceitual para rejeitar as conclusões de Zihl — na verdade, foi o oposto: aceitaram-nas com satisfação, como uma esplêndida evidência clínica em consonância com o novo clima.

A ideia de que é importantíssimo atentar para as exceções, em vez de esquecê-las ou descartá-las como triviais, foi exposta no primeiro artigo de Wolfgang Köhler, escrito em 1913, antes de seu trabalho pioneiro em psicologia da gestalt. Nesse artigo, "On Unnoticed Sensations and Errors of Judgment", Köhler explica que simplificações e sistematizações prematuras em ciência, sobretudo na psicologia, podem ossificar a ciência e impedir seu crescimento vital. "Cada ciência", ele escreveu, "tem uma espécie de sótão onde são jogadas quase automaticamente as coisas que não podem ser usadas no momento, que não se encaixam muito bem. [...] Estamos constantemente pondo de lado, sem usar, uma riqueza de materiais valiosos, [acarretando] o bloqueio do progresso científico."*

Na época em que Köhler escreveu isso, as ilusões visuais eram consideradas "erros de julgamento" — triviais ou sem importância para as atividades da mente-cérebro. Mas Köhler logo mostraria que era o contrário, que essas ilusões ofereciam a mais clara prova de que a percepção não se limita a "processar" passivamente os estímulos dos sentidos, que ela cria ativamente grandes configurações ou "gestalts" que organizam todo o campo perceptual. Essas ideias agora fundamentam nossa atual compreensão do cérebro como dinâmico e construtivo. Mas pri-

* Darwin discorreu sobre a importância de "exemplos negativos" ou "exceções" e sobre como é crucial anotá-los imediatamente, do contrário serão "certamente esquecidos".

meiro foi necessário atentar para a "anomalia", um fenômeno contrário ao referencial aceito e, dando-lhe atenção, ampliar e revolucionar esse referencial.

Podemos extrair alguma lição dos exemplos que mencionei? A meu ver, sim. Primeiro, poderíamos invocar aqui o conceito de prematuridade e ver que as observações de Herschel, Weir Mitchell, Tourette e Verrey vieram antes da hora certa, por isso não puderam ser integradas às concepções contemporâneas. Gunther Stent, analisando a "prematuridade" na descoberta científica em 1972, escreveu: "Uma descoberta é prematura se suas implicações não puderem ser ligadas por uma série de passos lógicos simples ao conhecimento canônico, ou geralmente aceito". Ele discutiu essa ideia em relação ao caso clássico de Gregor Mendel, cujo trabalho sobre a genética das plantas esteve muito à frente de seu tempo, e também em relação ao caso menos conhecido (mas fascinante) de Oswald Avery, que descobriu o DNA em 1944 — uma descoberta totalmente ignorada, porque ninguém podia ainda avaliar sua importância.*

Se Stent fosse geneticista em vez de biólogo molecular, poderia ter se lembrado da história da geneticista pioneira Barbara McClintock que, nos anos 1940, apresentou uma teoria, chamada de "teoria dos genes saltadores", que era quase ininteligível para seus contemporâneos. Trinta anos mais tarde, quando a atmosfera na biologia tornou-se mais acolhedora a essas ideias, as conclusões de McClintock foram tardiamente reconhecidas como uma contribuição fundamental à genética.

Se Stent fosse geólogo, poderia ter dado outro exemplo famoso (ou infame) de prematuridade: a teoria da deriva continental de Alfred Wegener, apresentada em 1915, esquecida ou de-

---

* O artigo de Stent, "Prematurity and Uniqueness in Scientific Discovery" foi publicado na *Scientific American* em dezembro de 1972. Quando visitei W. H. Auden em Oxford dois meses depois, ele estava empolgadíssimo com o artigo de Stent, e passamos um bom tempo discutindo-o. Auden escreveu uma longa réplica a Stent, contrastando as histórias intelectuais da arte e da ciência; o texto foi publicado na *Scientific American* de março de 1973.

preciada por muitos anos, mas redescoberta quatro décadas depois com o surgimento da teoria da tectônica de placas.

Se fosse matemático, Stent até poderia ter citado como um exemplo assombroso de "prematuridade" a invenção do cálculo por Arquimedes, 2 mil anos antes dos trabalhos de Newton e Leibniz.

E, se fosse astrônomo, poderia ter falado não em um mero esquecimento, mas em uma estrondosa regressão na história da astronomia. Aristarco, no século III a.C., delineou claramente uma imagem do sistema solar que foi bem compreendida e aceita pelos gregos. (E que foi amplificada por Arquimedes, Hiparco e Eratóstenes.) Só que Ptolomeu, cinco séculos mais tarde, virou-a de cabeça para baixo e propôs uma teoria geocêntrica de complexidade quase babilônica. A escuridão ptolemaica, o escotoma, durou 1400 anos, até Copérnico restabelecer uma teoria heliocêntrica.

O escotoma, surpreendentemente comum em todas as áreas da ciência, envolve mais do que prematuridade: ele envolve a perda de conhecimento, o esquecimento de descobertas que um dia pareceram claramente estabelecidas e, às vezes, a regressão a explicações menos perceptivas. O que torna uma observação ou uma nova ideia aceitável, memorável, digna de debate? O que pode impedir que ela seja tudo isso, apesar de sua clara importância e valor?

Freud responderia essa questão enfatizando a resistência: a nova ideia é muito ameaçadora ou repulsiva, por isso lhe negam o pleno acesso à mente. Sem dúvida, isso muitas vezes é verdade, porém reduz tudo a psicodinâmica e motivação, o que nem na psiquiatria é suficiente.

Não basta apreender alguma coisa, "sacar" num relance. A mente tem de ser capaz de acolher a ideia, de retê-la. A primeira barreira é a permissão para deparar com ideias novas, criar um espaço mental, uma categoria com uma possível conexão, e então trazer essas ideias para a consciência plena e estável, dar-lhes uma forma conceitual, conservá-las na mente mesmo que contradigam os conceitos, crenças ou categorias que a pessoa já possui. Esse processo de acolhimento, de receptividade mental, é crucial para determinar se uma ideia ou descoberta irá vingar e dar frutos ou será esquecida e morrerá infértil.

Falamos de descobertas ou ideias tão prematuras que quase não têm conexões ou contexto — sendo por isso ininteligíveis ou desconsideradas em sua época — e de outras ideias contestadas com fervor e até ferocidade na necessária, mas muitas vezes brutal, arena da ciência. A história da ciência e da medicina deve boa parte de sua forma a rivalidades intelectuais que forçam cientistas a confrontar anomalias e ideologias arraigadas. Essa competição, sob a forma de debate e julgamento abertos e francos, é essencial para o progresso científico.* É uma ciência "limpa", na qual a competição entre amigos ou colegas incentiva o avanço do saber. No entanto, também existe muita ciência "suja", na qual a competição e a rivalidade pessoal tornam-se malignas e obstrutivas.

Se um aspecto da ciência pertence à esfera da competição e rivalidade, outro nasce de equívocos epistemológicos e cismas, frequentemente de um tipo muito fundamental. Edward O. Wilson conta em sua autobiografia, *Naturalist*, que James Watson via os primeiros trabalhos de Wilson em entomologia e taxonomia como mera "coleção de selos". Atitudes menosprezadoras desse tipo eram quase universais entre os biólogos moleculares nos anos 1960. (Analogamente, naquele tempo a ecologia quase não tinha o status de "verdadeira" ciência, e ainda hoje é vista como muito menos "exata" do que, por exemplo, a biologia molecular; só recentemente essa postura começou a mudar.)

Darwin dizia que um homem não podia ser um bom obser-

---

* Darwin fez questão de declarar que não tinha precursores, que a ideia da evolução não estava no ar. Newton, apesar de seu famoso comentário sobre "sustentar-se nos ombros de gigantes", também negou precursores. Essa "angústia da influência" (que Harold Bloom analisou eloquentemente no contexto da história da poesia) é uma força poderosa também na história da ciência. Para gerar e desenvolver com êxito as próprias ideias, o indivíduo pode ter de acreditar que outros estão errados; talvez precise, como frisa Bloom, interpretar mal os outros (talvez inconscientemente), reagir a eles. ("Todo talento tem de desabrochar na luta", escreveu Nietzsche.)

vador se não fosse também um teorizador laborioso. Como escreveu seu filho Francis, Darwin parecia "carregado com uma força teorizadora pronta para verter em qualquer canal à menor perturbação, e assim nenhum fato, por menor que fosse, podia deixar de liberar uma corrente de teoria, magnificar-se e ganhar importância". Entretanto, a teoria pode ser grande inimiga da observação e pensamento honestos, sobretudo quando se petrifica em dogma ou suposições tácitas, talvez inconscientes.

Solapar nossas crenças e teorias pode ser um processo doloroso, até aterrorizante — doloroso porque a nossa vida mental é sustentada, consciente ou inconscientemente, por teorias, às vezes dotadas com a força da ideologia ou da ilusão.

Em casos extremos, o debate científico pode ameaçar destruir os sistemas de crença de um dos antagonistas e, com isso, talvez, as crenças de toda uma cultura. A publicação de *A origem* por Darwin em 1859 instigou debates furiosos entre ciência e religião (personificados no conflito entre Thomas Huxley e o bispo Wilberforce), e as violentas mas patéticas ações de retaguarda de Agassiz, que sentiu que o trabalho de toda a sua vida e a sua noção de um criador eram aniquilados pela teoria de Darwin. Tamanha era sua angústia da obliteração que Agassiz foi às Galápagos para tentar pessoalmente duplicar a experiência e as descobertas de Darwin, a fim de repudiar sua teoria.*

Philip Henry Gosse, grande naturalista e também devoto fervoroso, ficou tão abalado com o debate sobre a evolução por seleção natural que se sentiu impelido a publicar um livro extraordinário, *Omphalos*, no qual ele afirmava que os fósseis não correspondiam a criaturas que já viveram, pois o Criador somente os pusera nas rochas para nos repreender pela nossa curiosidade — um argumento que alcançou a rara distinção de enfurecer zoólogos e teólogos na mesma medida.

---

* O próprio Darwin muitas vezes se consternava com o mecanismo da natureza cujo funcionamento ele enxergava tão claramente. Expressou esse sentimento em uma carta a seu amigo Joseph Hooker em 1856: "Que livro um Capelão do Diabo poderia escrever sobre as obras desgraciosas, perdulárias, malfeitas e horrivelmente cruéis da natureza!".

Às vezes me surpreende que a teoria do caos não tenha sido descoberta ou inventada por Newton ou Galileu; eles devem ter tido grande familiaridade, por exemplo, com os fenômenos de turbulência e remoinhos que vemos constantemente no cotidiano (e que foram retratados com tanta proficiência por Leonardo). Talvez eles evitassem pensar nas implicações desses fenômenos, prevendo que seriam possíveis infrações de uma Natureza racional, ordenada e regida por leis.

Foi bem assim que Henri Poincaré se sentiu mais de dois séculos depois, quando se tornou o primeiro a investigar as consequências matemáticas do caos: "Essas coisas são tão bizarras que não suporto pensar nelas". Hoje achamos belos os padrões do caos — uma nova dimensão da beleza da natureza. Mas certamente não pareceu assim a Poincaré.

O exemplo mais famoso dessa repugnância em nosso século é, obviamente, a violenta repulsa de Einstein pela natureza aparentemente irracional da mecânica quântica. Embora ele próprio tenha sido um dos primeiros a demonstrar processos quânticos, ele se recusou a considerar a mecânica quântica qualquer coisa mais do que uma representação superficial de processos naturais que, se mais bem compreendidos, dariam lugar a uma representação mais harmoniosa e sistemática.

Acaso e inevitabilidade muitas vezes acompanham grandes avanços científicos. Se Watson e Crick não tivessem descoberto a dupla hélice do DNA em 1953, Linus Pauling quase certamente o faria. A estrutura do DNA estava pronta para ser descoberta, poderíamos dizer, embora não fosse possível prever quem o faria, e exatamente quando.

As maiores façanhas criativas provêm não só de homens e mulheres extraordinários e talentosos, mas também do fato de esses indivíduos terem confrontado problemas de grande magnitude e universalidade. O século XVI foi uma época de gênios não porque existissem mais gênios nesse período, mas porque a compreensão das leis do mundo físico, mais ou menos petrificada desde o tempo de Aristóteles, estava começando a ceder aos vislumbres de Galileu e de outros que acreditavam que a linguagem da Natureza era a matemática. Analogamente, no século XVII, o momento estava maduro para a invenção do cálculo, que foi concebido por Newton e Leibniz quase ao mesmo tempo, embora de modos bem distintos.

Na época de Einstein, estava cada vez mais claro que a velha visão de mundo mecanicista e newtoniana era insuficiente para explicar vários fenômenos — entre eles o efeito fotoelétrico, o movimento browniano e a mudança da mecânica nas proximidades da velocidade da luz — e que ela teria de ruir e deixar um vácuo intelectual assustador antes que pudesse nascer um conceito radicalmente novo.

Mas Einstein fez questão de dizer que uma nova teoria não invalida ou suplanta a teoria mais antiga, e sim "nos permite recuperar nossos velhos conceitos em um nível superior". Ele expandiu essa ideia com uma analogia famosa:

> Fazendo uma comparação, poderíamos dizer que criar uma nova teoria não é como destruir um velho celeiro e construir em seu lugar um arranha-céu. É como escalar uma montanha, alcançar novas vistas mais amplas, descobrir ligações inesperadas entre nosso ponto de partida e seu ambiente fecundo. Mas o ponto de onde partimos ainda existe e pode ser visto, embora pareça menor e forme uma parte minúscula do panorama abrangente que ganhamos quando dominamos os obstáculos durante nossa escalada aventurosa.

Helmholtz, em suas memórias *On Thought in Medicine*, também usou a imagem da escalada de uma montanha (ele era apaixonado por alpinismo), e descreveu a subida como um processo nem um pouco linear. Não se pode ver antecipadamente como escalar uma montanha, ele escreveu; ela só pode ser escalada por tentativa e erro. O montanhista intelectual começa errado, entra em becos sem saída, vê-se em posições insustentáveis e muitas vezes tem de recuar, descer e começar de novo. Devagar, com dificuldade, erros e correções incontáveis, ele sobe ziguezagueante a montanha. Só quando chega ao cume ele verá que, na verdade, existia uma rota direta, uma "estrada real" para o topo. Quando apresenta suas ideias, ele conduz seus leitores por essa estrada real, mas ela não se parece com os processos arrevesados e tortuosos pelos quais ele construiu seu caminho, Helmholtz explicou.

Em geral há alguma ideia intuitiva e rudimentar do que precisa ser feito, e essa visão, uma vez percebida, impele o intelecto. Por exemplo, aos quinze anos, Einstein tinha fantasias sobre cavalgar um feixe de luz, e dez anos depois criou a teoria da relatividade geral, passando assim de um sonho de garoto à mais grandiosa das teorias. Seria a elaboração da teoria da relatividade especial, e depois a da relatividade geral, parte de um processo histórico contínuo e inevitável? Ou o resultado de uma singularidade, o advento de um gênio ímpar? Será que a relatividade teria sido descoberta na ausência de Einstein? E quanto ela teria demorado para ser aceita se não fosse o eclipse solar de 1917 que, por um raro acaso, permitiu que a teoria fosse confirmada pela observação acurada do efeito da gravidade do Sol sobre a luz? Sentimos aqui a fortuitidade e, o que é importante, um nível necessário de tecnologia, capaz de permitir uma medição precisa da órbita de Mercúrio. Nem o "processo histórico" nem a "genialidade" são explicações adequadas — nenhum deles atenua a complexidade, a natureza imprevista da realidade.

"O acaso favorece a mente preparada", diz a célebre frase de Claude Bernard, e Einstein, obviamente, estava muito alerta, pronto para perceber e aproveitar o que quer que ele pudesse usar. Mas se Riemann e outros matemáticos não tivessem desenvolvido geometrias não euclidianas (elas haviam sido elaboradas como construções abstratas puras, sem nenhuma ideia de que poderiam ser apropriadas a um modelo físico do mundo), Einstein não teria tido à disposição as técnicas intelectuais que lhe permitiram passar de uma visão vaga a uma teoria plenamente desenvolvida.

Diversos fatores individuais isolados, autônomos, precisam convergir antes do ato aparentemente mágico do avanço criativo, e a ausência (ou o desenvolvimento insuficiente) de qualquer um deles pode ser suficiente para impedir esse avanço. Alguns desses fatores são mundanos — verba e oportunidade, saúde e apoio social, a época em que se nasceu. Outros têm relação com a personalidade, as forças e fraquezas intelectuais inatas.

No século XIX, uma era de descrição naturalista e paixão fenomenológica por detalhes, a postura de privilegiar o concreto parecia bem apropriada, enquanto a de abstrair e raciocinar parecia suspeita — uma atitude explicada primorosamente por William James em seu famoso ensaio sobre o eminente biólogo e estudioso da história natural Louis Agassiz:

> O único homem de quem ele realmente gostava e que tinha para ele alguma utilidade era o que pudesse trazer-lhe fatos. Enxergar fatos, e não argumentar [ou raciocinar] era o que a vida significava para ele; e creio que com frequência ele abominava a mentalidade do raciocínio. [...] O rigor extremo de sua devoção ao método concreto de aprender era consequência natural de seu tipo singular de intelecto, no qual a capacidade para a abstração e o raciocínio causal e para a extração de cadeias de consequências a partir de hipóteses era imensamente menos desenvolvida do que o talento para conhecer vastos volumes de detalhes e para captar analogias e relações de um tipo mais próximo e concreto.

James conta que o jovem Agassiz, ao entrar para Harvard em meados dos anos 1840, "estudou a geologia e a fauna de um continente, preparou uma geração de zoólogos, fundou um dos principais museus do mundo, deu novo impulso à educação científica nos Estados Unidos" — e tudo isso por meio de sua paixão por fenômenos e fatos, fósseis e formas vivas, da concretude lírica de sua mente e do seu senso científico e religioso de um sistema divino, um todo. Mas aconteceu uma transformação: a zoologia estava mudando, passava de história natural, voltada para os todos — espécies e formas e suas relações taxonômicas —, a estudos de fisiologia, histologia, química, farmacologia, uma nova ciência do mundo micro, dos mecanismos e partes abstraídos da noção do organismo e sua organização como um todo. Nada era mais empolgante, mais potente do que essa nova ciência; e, no entanto, era evidente que algo estava sendo perdido também. Era uma transformação à qual a mente de Agassiz não conseguia se adaptar bem, e em seus derradeiros anos ele foi empurrado para fora do centro do pensamento científico e se tornou uma figura excêntrica e trágica.*

O imenso papel da contingência, da sorte pura e simples (boa ou má), parece-me ser mais evidente em medicina do que na ciência, pois com frequência a medicina depende crucialmente de que casos raros e incomuns, talvez únicos, sejam encontrados pela pessoa certa no momento certo.

Casos de memória prodigiosa são naturalmente raros, e o russo Shereshevsky foi um dos mais notáveis. No entanto, hoje ele seria lembrado (se é que seria) como apenas "mais um caso de memória prodigiosa" se não tivesse encontrado por acaso A. R. Luria, um prodígio da observação clínica e da percepção intuitiva. Foi preciso a genialidade de Luria e trinta anos de investigação dos processos mentais de Shereshevsky para produzir as noções únicas do grande livro de Luria, *The Mind of a Mnemonist*.

Em contraste, a histeria não é incomum e tem sido bem descrita desde o século XVIII. Mas sua psicodinâmica só veio a ser sondada quando uma paciente histérica brilhante e bem-falante encontrou a genialidade original do jovem Freud e seu amigo Breuer. Eu me pergunto: a psicanálise teria decolado se Anna O. não houvesse encontrado as mentes preparadas e espe-

---

* Humphry Davy, como Agassiz, foi um gênio da concretude e do pensamento analógico. Faltavam-lhe a capacidade de generalização abstrata que era tão grande em seu contemporâneo John Dalton (é a Dalton que ele deve os fundamentos da teoria atômica) e as imensas capacidades de sistematização de seu contemporâneo Berzelius. Davy caiu de sua posição idolatrada de "Newton da química" em 1810 para a de uma figura quase marginal quinze anos mais tarde. A ascensão da química orgânica, com a síntese da ureia por Wöhler em 1828 — uma nova área na qual Davy não tinha interesse e que lhe era incompreensível —, começou imediatamente a desbancar a "velha" química inorgânica e a agravar em Davy o sentimento de estar ultrapassado em seus últimos anos.

Jean Améry, em seu eloquente livro *On Aging*, explica como o sentimento de irrelevância ou obsolescência pode ser torturante, sobretudo o sentimento de estar ultrapassado *intelectualmente* devido ao surgimento de novos métodos, teorias ou sistemas. Na ciência, essa obsolescência pode ocorrer quase instantaneamente quando ocorre uma mudança de pensamento importante.

cialmente receptivas de Freud e Breuer? (Teria, estou certo, porém mais tarde e de um modo diferente.)

A história da ciência — assim como a vida — poderia ser recontada de algum modo bem diferente? Será que a evolução das ideias assemelha-se à evolução da vida? Decerto vemos súbitas explosões de atividade, quando avanços gigantescos são feitos em pouquíssimo tempo. Isso aconteceu com a biologia molecular nos anos 1950 e 1960 e com a física quântica nos anos 1920, e um surto similar de trabalho fundamental tem sido visto na neurociência nestas últimas décadas. Súbitas séries de descobertas mudam a face da ciência, e frequentemente são seguidas por longos períodos de consolidação e relativa estase. Penso na imagem do "equilíbrio pontuado" que nos foi dada por Niles Eldredge e Stephen Jay Gould e me pergunto se existiria pelo menos uma analogia entre ela e um processo evolucionário natural.

Ideias, como os seres vivos, podem surgir e prosperar, seguir em todas as direções ou gorar e extinguir-se de modos totalmente imprevisíveis. Gould gostava de dizer que, se fosse possível repetir a evolução da vida na Terra, ela seria completamente diferente na segunda vez. Suponhamos que John Mayow realmente tivesse descoberto o oxigênio nos anos 1670 ou que a máquina diferencial teorizada por Babbage — um computador — houvesse sido construída quando ele a propôs em 1822: a trajetória da ciência teria sido muito diferente? Isso é da alçada da fantasia, naturalmente, mas uma fantasia que nos traz a sensação de que a ciência, em vez de ser um processo inevitável, é contingente ao extremo.

REFERÊNCIAS BIBLIOGRÁFICAS

AMÉRY, Jean. *On Aging*. Bloomington: Indiana University Press, 1994.

ARENDT, Hannah. *The Life of the Mind*. Nova York: Harcourt, 1971.

ARMITAGE, F. P. *A History of Chemistry*. Londres: Longmans Green, 1906.

BARTLETT, Frederic C. *Remembering: A Study in Experimental and Social Psychology*. Cambridge: Cambridge University Press, 1932.

BERGSON, Henri. *Creative Evolution*. Nova York: Henry Holt, 1911.

BERNARD, Claude. *An Introduction to the Study of Experimental Medicine*. Londres: Macmillan, 1865.

BLEULER, Eugen. *Dementia Praecox: or, The Group of Schizophrenias*. Oxford: International Universities Press, 1911/1950.

BLOOM, Harold. *The Anxiety of Influence*. Oxford: Oxford University Press, 1973.

BRAUN, Marta. *Picturing Time: The Work of Etienne-Jules Marey (1830-1904)*. Chicago: University of Chicago Press, 1992.

BROCK, William H. *The Norton History of Chemistry*. Nova York: W. W. Norton, 1993.

BROWNE, Janet. *Charles Darwin: The Power of Place*. Nova York: Alfred A. Knopf, 2002.

CHAMOVITZ, Daniel. *What a Plant Knows: A Field Guide to the Senses*. Nova York: Scientific American/Farrar, Straus and Giroux, 2012.

CHANGEUX, Jean-Pierre. *The Physiology of Truth: Neuroscience and Human Knowledge*. Cambridge: Harvard University Press, 2004.

COLERIDGE, Samuel Taylor. *Biographia Literaria*. Londres: Rest Fenner, 1817.

CRICK, Francis. *The Astonishing Hypothesis: The Scientific Search for the Soul*. Nova York: Charles Scribner, 1994.

DAMÁSIO, António. *The Feeling of What Happens: Body and Emotion in the Making of Consciousness*. Nova York: Harcourt Brace, 1999. [Ed. bras.: *O mistério da consciência*. São Paulo: Companhia das Letras, 2000.]

DAMÁSIO, António; CARVALHO, Gil B. "The Nature of Feelings: Evolutionary and Neurobiological Origins". In: *Nature Reviews Neuroscience,* 14 fev. 2013.

DAMÁSIO, António et al. "Central Achromatopsia: Behavioral, Anatomic, and Physiologic Aspects". In: *Neurology,* v. 30, n. 10, pp. 1064-71, 1980.

DARWIN, Charles. *On the Origin of Species by Means of Natural Selection; or, The Preservation of Favoured Races in the Struggle for Life*. Londres: John Murray, 1859.

______. *On the Various Contrivances by Which British and Foreign Orchids Are Fertilised by Insects*. Londres: John Murray, 1862.

______. *The Descent of Man, and Selection in Relation to Sex*. Londres: John Murray, 1871.

______. *On the Movements and Habits of Climbing Plants*. Londres: John Murray, 1875 (artigo da Linnaean Society, publ. orig.: 1865).

______. *Insectivorous Plants*. Londres: John Murray, 1875.

______. *The Effects of Cross and Self Fertilisation in the Vegetable Kingdon*. Londres: John Murray, 1876.

______. *The Different Forms of Flowers on Plants of the Same Species*. Londres: John Murray, 1877.

______. *The Power of Movement in Plants*. Londres: John Murray, 1880.

______. *The Formation of Vegetable Mould, Through the Action of Worms, with Observations on Their Habits*. Londres: John Murray, 1881.

DARWIN, Erasmus. *The Botanic Garden: The Loves of the Plants*. Londres: J. Johnson, 1791.

DARWIN, Francis (Org.). *The Autobiography of Charles Darwin*. Londres: John Murray, 1887.

DOBZHANSKY, Theodosius. "Nothing in Biology Makes Sense Except in the Light of Evolution". *American Biology Teacher,* v. 35, n. 3, pp. 125-9, 1973.

DONALD, Merlin. *Origins of the Modern Mind*. Cambridge: Harvard University Press, 1993.

DOYLE, Arthur Conan. *A Study in Scarlet*. Londres: Ward; Lock, 1887.

______. *The Adventures of Sherlock Holmes*. Londres: George Newnes, 1892.

______. "The Adventure of the Final Problem". In: *The Memoirs of Sherlock Holmes*. Londres: George Newnes, 1893.

EDELMAN, Gerald M. *Neural Darwinism: The Theory of Neuronal Group Selection*. Nova York: Basic Books, 1987.

______. *The Remembered Present: A Biological Theory of Consciousness*. Nova York: Basic Books, 1989.

______. *Wider Than the Sky: The Phenomenal Gift of Consciousness*. Nova York: Basic Books, 2004.

EFRON, Daniel H. (Org.) *Psychotomimetic Drugs: Proceedings of a Workshop, Held at the University of California, Irvine, on January 26-27, 1969*. Nova York: Raven Press, 1970.

EINSTEIN, Albert; INFELD, Leopold. *The Evolution of Physics*. Cambridge: Cambridge University Press, 1938.

FLANNERY, Tim. "They're taking over!". In: *New York Review of Books,* 26 set. 2013.

FREUD, Sigmund. *On Aphasia: A Critical Study*. Oxford: International University Press, 1891/1953.

FREUD, Sigmund. *The Psychopathology of Everyday Life*. Nova York: W. W. Norton, 1901/1990.

FREUD, Sigmund; BREUER, Joseph. *Studies on Histeria*. Nova York: Penguin, 1895/1991.

FRIEL, Brian. *Molly Sweeney*. Nova York: Plume, 1994.

GOODY, William. *Time and the Nervous System*. Nova York: Praeger, 1988.

GOSSE, Philip Henry. *Omphalos: An Attempt to Untie the Geological Knot*. Londres: John van Voorst, 1857.

GOULD, Stephen Jay. *Wonderful Life*. Nova York: W. W. Norton, 1990.

GREESNPAN, Ralph J. *An Introduction to Nervous Systems*. Cold Spring Harbor: Cold Spring Harbor Laboratory Press, 2007.

HADAMARD, Jacques. *The Psychology of Invention in the Mathematical Field*. Princeton: Princeton University Press, 1945.

HALES, Stephen. *Vegetable Staticks*. Londres: W. & J. Innys, 1727.

HANLON, Roger T.; MESSENGER, John B. *Cephalopod Behavior*. Cambridge: Cambridge University Press, 1998.

HEBB, Donald. *The Organization of Behavior: A Neuropsychological Theory*. Nova York: Wiley, 1949.

HELMHOLTZ, Hermann von. *Treatise on Physiological Optics*. Nova York: Dover, 1860/1962.

______. *On Thought in Medicine*. Baltimore: Johns Hopkins Press, 1877/1938.

HERRMANN, Dorothy. *Helen Keller: A Life*. Chicago: University of Chicago Press, 1998.

HERSCHEL, J. F. W. "On Sensorial Vision". In: *Familiar Lectures on Scientific Subjects*. Londres: Alexander Strahan, 1858/1866.

HOLMES, Richard. *Coleridge: Early Visions, 1772-1804*. Nova York: Pantheon, 1989.

______. *Coleridge: Darker Reflections, 1804-1834*. Nova York: Pantheon, 2000.

JACKSON, John Hughlings. *Selected Writings*. Org. de James Taylor, Gordon Holmes e F. M. R. Walshe. Londres: Hodder and Stoughton, 1932. v. 2.

JAMES, William. *The Principles of Psychology*. Londres: Macmillan, 1890.

______. *William James on Exceptional Mental States: The 1896 Lowell Lectures*. Org. de Eugene Taylor. Amherst: University of Massachusetts Press, 1896/1984.

______. *Louis Agassiz: Words Spoken by Professor William James at the Reception of the American Society of Naturalists by the President and Fellows of Harvard College, at Cambridge, on December 30, 1896*. Cambridge, impresso para a universidade, 1897.

JENNINGS, Herbert Spencer. *Behavior of the Lower Organisms*. Nova York: Columbia University Press, 1906.

KANDEL, Eric R. *In Search of Memory: The Emergence of a New Science of Mind*. Nova York: W. W. Norton, 2007.

KEYNES, John Maynard. "Newton, the Man", 1946. Disponível em: <www-history.mcs.st-and.ac.uk/Extras/Keynes_Newton.html>.

KNIGHT, David. *Humphry Davy: Science and Power.* Cambridge: Cambridge University Press, 1992.

KOCH, Christof. *The Quest for Consciousness: A Neurobiological Approach.* Englewood, Colo: Roberts, 2004.

KÖHLER, Wolfgang. "On Unnoticed Sensations and Errors of Judgment". In: HENLE, Mary (Org.). *The Selected Papers of Wolfgang Köhler.* Nova York: Liveright, 1913/1971.

KOHN, David. *Darwin's Garden: An Evolutionary Adventure.* Nova York: New York Botanical Garden, 2008.

KRAEPELIN, Emil. *Lectures on Clinical Psychiatry.* Nova York: William Wood, 1904.

LAPPIN, Elena. "The Man With Two Heads". *Granta,* n. 66, pp. 7-65, 1999.

LEONT'EV, A. N.; ZAPOROZHETS, A. V. *Rehabilitation of Hand Function.* Oxford: Pergamon Press, 1960.

LIBET, Benjamin; GLEASON, C. A.; WRIGHT, E. W.; PEARL, D. K. "Time of Conscious Intention to Act in Relation to Onset of Cerebral Activity (Readiness-Potential): The Unconscious Initiation of a Freely Voluntary Act". In: *Brain,* n. 106, pp. 623-42, 1983.

LIVEING, Edward. *On Megrim, Sick-Headache, and Some Allied Disorders: A Contribution to the Pathology of Nerve-Storms.* Londres: Churchill, 1873.

LOFTUS, Elizabeth. *Eyewitness Testimony.* Cambridge: Harvard University Press, 1996.

LORENZ, Konrad. *The Foundations of Ethology.* Nova York: Springer, 1981.

LURIA, A. R. *The Mind of a Mnemonist.* Cambridge: Harvard University Press, 1968.

______. *The Working Brain: An Introduction to Neuropsychology.* Nova York: Basic Books, 1973.

______. *The Making of a Mind.* Cambridge: Harvard University Press, 1979.

MEIGE, Henri; FEINDEL, E. *Les Tics et leur traitement.* Paris: Masson, 1902.

MEYNERT, Theodor. *Psychiatry: A Clinical Treatise on Diseases of the Fore-brain.* Nova York: G. P. Putnam's Sons, 1884/1885.

MICHAUX, Henri. *The Major Ordeals of the Mind and the Countless Minor Ones.* Londres: Secker e Warburg, 1974.

MITCHELL, Silas Weir. *Injuries of Nerves and Their Consequences.* Nova York: Dover, 1872/1965.

MITCHELL, Silas Weir; KEEN, W. W.; MOREHOUSE, G. R. *Reflex Paralysis.* Washington: Surgeon General's Office, 1864.

MODELL, Arnold. *The Private Self.* Cambridge: Harvard University Press, 1993.

MOREAU, Jacques-Joseph. *Hashish and Mental Illness.* Nova York: Raven Press, 1845/1973.

NIETZSCHE, Friedrich. *The Gay Science.* Trad. de Walter Kaufmann. Nova York: Vintage Books, 1882/1974. [Ed. bras.: *A gaia ciência.* Trad. de Paulo César de Souza. São Paulo: Companhia das Letras, 2001.]

NOYES JR., Russell; KLETTI, Roy. "Depersonalization in the Face of Life-Threatening Danger: A Description". *Psychiatry*, v. 39, n. 1, pp. 19-27, 1976.

ORWELL, George. *Nineteen Eighty-Four*. Londres: Secker and Warburg, 1949. [Ed. bras.: *1984*. Trad. de Heloisa Jahn e Alexandre Hubner. São Paulo: Companhia das Letras, 2009.]

PINTER, Harold. *Other Places: Three Plays*. Nova York: Grove Press, 1994.

PRIBRAM, Karl H.; MCGILL, Merton M. *Freud's "Project" Re-assessed*. Nova York: Basic Books, 1976.

ROMANES, George John. *Mental Evolution in Animals*. Londres: Kegan Paul; Trench, 1883.

______. *Jelly-Fish, Star-Fish, and Sea-Urchins: Being a Research on Primitive Nervous Systems*. Londres: Kegan Paul; Trench, 1885.

SACKS, Oliver. *Awakenings*. Nova York: Doubleday, 1973. [Ed. bras.: *Tempo de despertar*. São Paulo: Companhia das Letras, 1997.]

______. *A Leg to Stand On*. Nova York: Summit Books, 1984. [Ed. bras.: *Com uma perna só*. São Paulo: Companhia das Letras, 2003.]

______. *The Man Who Mistook His Wife for a Hat*. Nova York: Summit Books, 1985. [Ed. bras.: *O homem que confundiu sua mulher com um chapéu*. São Paulo: Companhia das Letras, 1997.]

______. *Migraine*. Ed. rev. Nova York: Vintage Books, 1992. [Ed. bras.: *Enxaqueca*. São Paulo: Companhia das Letras, 1996.]

______. "Humphry Davy: The Poet of Chemistry". *New York Review of Books*, 4 nov. 1993.

______. "Remembering South Kensington". *Discover*, v. 14, n. 11, pp. 78-80, 1993.

______. *An Anthropologist on Mars*. Nova York: Alfred A. Knopf, 1995. [Ed. bras.: *Um antropólogo em Marte*. São Paulo: Companhia das Letras, 1995.]

______. *The Island of the Colorblind*. Nova York: Alfred A. Knopf, 1996. [Ed. bras.: *A ilha dos daltônicos*. São Paulo: Companhia das Letras, 1997.]

______. *Uncle Tungsten*. Nova York: Alfred A. Knopf, 2001. [Ed. bras.: *Tio Tungstênio*. São Paulo: Companhia das Letras, 2002.]

______. *Musicophilia: Tales of Music and the Brain*. Nova York: Alfred A. Knopf, 2007. [Ed. bras.: *Alucinações musicais*. São Paulo: Companhia das Letras, 2007.]

______. *Hallucinations*. Nova York: Alfred A. Knopf, 2012. [Ed. bras.: *A mente assombrada*. São Paulo: Companhia das Letras, 2013.]

SACKS, O. W. et al. "Movement Perturbations due to Tics Do Not Affect Accuracy on Pointing to Remembered Locations in 3-D Space in a Subject with Tourette's Syndrome". *Society for Neuroscience Abstracts*, v. 19, n. 1, item 228.7, 1993.

SCHACTER, Daniel L. *Searching for Memory: The Brain, the Mind, and the Past*. Nova York: Basic Books, 1996.

______. *The Seven Sins of Memory*. Nova York: Houghton Mifflin, 2001.

SHENK, David. *The Forgetting: Alzheimer's Portrait of an Epidemic*. Nova York: Doubleday, 2001.

SHERRINGTON, Charles. *Man on His Nature*. Cambridge: Cambridge University Press, 1942.

SOLNIT, Rebecca. *River of Shadows: Eadweard Muybridge and the Technological Wild West*. Nova York: Viking, 2003.

SPENCE, Donald P. *Narrative Truth and Historical Truth: Meaning and Interpretation in Psychoanalysis*. Nova York: Norton, 1982.

SPRENGEL, Christian Konrad. *The Secret of Nature in the Form and Fertilization of Flowers Discovered*. Washington: Saad, 1793/1975.

STENT, Gunther. "Prematurity and Uniqueness in Scientific Discovery". *Scientific American,* v. 227, n. 6, pp. 84-93, 1972.

TOURETTE, Georges Gilles de la. "Étude sur une affection nerveuse caractérisée par de l'incoordination motrice accompagnée d'écholalie et de copralalie". In: *Archives de Neurologie*, Paris, n. 9, 1885.

TWAIN, Mark. *Mark Twain's Letters*. Org. de Albert Bigelowe Paine. Nova York: Harper & Bros, 1917. v. 1.

______. *Mark Twain Speaking*. Town City: University of Yowa Press, 2006.

VAUGHAN, Ivan. *Ivan: Living with Parkinson's Disease*. Londres: Macmillan, 1986.

VERREY, Louis. "Hémiachromatopsie droite absolue". *Archives d'Ophthamologie*, Paris, n. 8, pp. 289-300, 1888.

WADE, Nicholas J. *A Natural History of Vision*. Cambridge: MIT Press, 2000.

WEINSTEIN, Arnold. *A Scream Goes Through the House: What Literature Teaches Us About Life*. Nova York: Random House, 2004.

WELLS, H. G. *The Short Stories of H. G. Wells*. Londres: Ernest Benn, 1927.

WIENER, Norbert. *Ex-prodigy: My Childhood and Youth*. Nova York: Simon & Schuster, 1953.

WILKOMIRSKI, Binjamin. *Fragments: Memories of a Wartime Childhood*. Nova York: Schocken, 1996.

WILSON, Edward O. *Naturalist*. Washington: Island Press, 1994.

ZEKI, Semir. "A Century of Cerebral Achromatopsia". In: *Brain,* n. 113, pp. 1721-77, 1990.

ZIHL, J.; VON CRAMON, D.; MAI, N. "Selective Disturbance of Movement Vision after Bilateral Brain Damage". In: *Brain,* v. 106, n. 2, pp. 313-40, 1983.

ÍNDICE REMISSIVO

ESTA OBRA FOI COMPOSTA PELA SPRESS EM TIMES E IMPRESSA EM OFSETE
PELA GEOGRÁFICA SOBRE PAPEL PÓLEN SOFT DA SUZANO PAPEL E
CELULOSE PARA A EDITORA SCHWARCZ EM NOVEMBRO DE 2017

A marca FSC® é a garantia de que a madeira utilizada na fabricação do papel deste livro provém de florestas que foram gerenciadas de maneira ambientalmente correta, socialmente justa e economicamente viável, além de outras fontes de origem controlada.